天下文化
BELIEVE IN READING

不當決策

行為經濟學大師教你避開人性偏誤

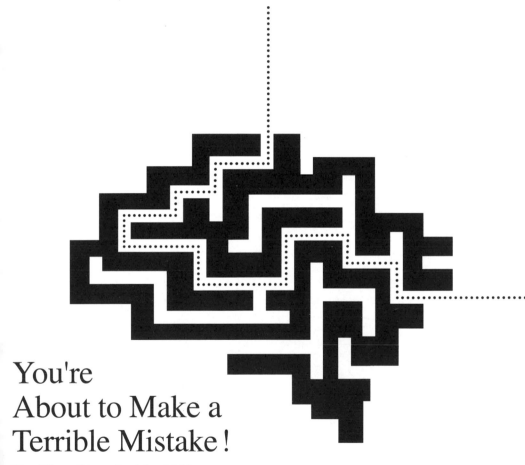

You're
About to Make a
Terrible Mistake！

How Biases Distort Decision-Making
and What You Can Do to Fight Them

麥肯錫資深顧問、巴黎高等商學院教授

奧利維・席波尼（Olivier Sibony）著

周宜芳 譯

獻給 安－麗絲（Anne-Lise）

目次

國際暢銷作家一致推薦

「本書是管理決策最新觀念的精采入門。出乎意料的是，本書讀來也饒富興味。」

——丹尼爾‧康納曼（Daniel Kahneman），
《快思慢想》（*Fast and Slow*）作者

「終於等到了！根據數十年的決策科學所淬煉出可行的建言。簡潔、精準而公正。我喜歡這本書！」

——安琪拉‧達克沃斯（Angela Duckworth），
《恆毅力》（*Grit*）作者

「精采、有趣而睿智——無論在企業或日常生活中，本書都是明智決策的重要指引。本書處處是生動的故事和重要的課題，可能也會是你今年最好的投資。」

——凱斯‧桑斯坦（Cass R. Sunstein），
哈佛大學講座教授、《推出你的影響力》（*Nudge*）作者

「本書巧妙的綜合與人類判斷有關的一流科學研究成果，無論你是對生活懷抱平凡期許（例如成為更明智的新聞閱聽人），或是對人生胸懷遠大抱負（例如掌管大企業或國家），本書都很實用。」

—— 菲利浦・泰特洛克（Philip E. Tetlock），

《超級預測》（*Superforecasting*）共同作者

「席波尼寫出一本最出色、最有趣、最實用的認知偏誤商業指南。如果你要做決策，就必須讀讀這本書。」

—— 薩菲・巴考（Safi Bahcall），

《高勝率創新》（*Loonshots*）作者

「席波尼有一種罕見而神奇的能力，能把複雜的觀念包裝成節奏明快、容易理解的敘事。關於如何做出更好的決策，本書滿滿都是可供付諸實踐的建議，想要精進決策過程的人都應該把本書列為必讀之作。」

—— 安妮・杜克（Annie Duke），

《高勝算決策》（*Thinking in Bets*）作者

「你可能熟知許多會毀掉決策的心理偏誤。問題在於，在建構商業決策時，你要如何做好應對？席波尼提出一些有說服力的答案。他以擔任顧問的豐富經驗以及對行為科學的淵博知識，告訴你怎麼讓整個團隊變得比團隊裡的單一個人更聰明。」

——亞當‧葛蘭特（Adam Grant），
《反叛，改變世界的力量》（*Originals*）、
《給予》（*Give and Take*）作者

導論

小心！你就要犯下大錯！

（除非你繼續讀下去）

除非你在山洞裡住了超過十年，不然你一定聽過「認知偏誤」（cognitive biases）。特別是在康納曼的《快思慢想》出版之後，「過度自信」（overconfidence）、「確認偏誤」（confirmation bias）、「現狀偏誤」（status quo bias）和「錨定效應」（anchoring）等術語已經成為我們茶餘飯後日常閒談所使用的字眼。拜認知心理學家數十年的研究、還有這些研究所啟發的行為經濟學家所賜，大家現在熟知一個簡單但卻很關鍵的重要觀念：人在進行諸如採購、儲蓄等判斷和選擇時，並非總是保持「理性」——至少並不符合經濟理論中嚴格定義的「理性」，在嚴格定義的理性下，我們的決策理應要追求最佳的預設目標。

商業決策的理性

商業決策也是如此。只要在你最喜歡的搜尋引擎鍵入「商業決策偏誤」（biases business decisions），就會有數百萬篇文章證實一件有經驗的經理人都知道的事：經營管理者做商業決策時（即使是重大的策略性決策），他們的思考過程與商管教科書裡所寫的那套理性、思慮縝密、分析式的方

法，幾乎沾不上邊。

遠在還沒聽過行為科學之前，我就已經發現這個事實。那時，我是剛進入麥肯錫顧問公司（McKinsey & Company）的年輕商業分析師。我接到的第一個客戶是一家中型的歐洲企業，它止考慮在美國進行一項大型併購。這宗交易如果順利完成，能讓這家企業的規模成長為兩倍，躋身為全球性的集團之列。然而，在我們投入數個月研究與分析這個收購機會後，答案清楚浮現山來：這宗收購案並不明智。這件收購案在策略面與營運面預期得到的利益都相當有限。此外，兩家公司的整合深具挑戰性。最重要的是，數字不合理：我們客戶要支付的價格遠高過收購案為股東創造的潛在價值。

我們向執行長提出研究後的結論。對於我們立論的所有假設，他沒有一項表示不同意。可是，他駁回我們的結論，而且他提出的主張讓人出乎預料。他說，我們以美元來模擬收購價格，因此漏掉一個關鍵考量。他和我們不同，他在思考這件收購案時，把所有數字都轉為本國貨幣。此外，他確信美元兌換本國貨幣的匯率很快就會升值。經過幣別轉換後，新收購美國企業所產生的美元現金流會變得更多，一下子就會讓收購價格變得合理。這位執行長對此深信不移，因此打算以本國貨幣舉債為這宗收購案籌措資金。

　　聽到這個結論，我簡直不敢相信。和在場的每一個人
（包括執行長本人）一樣，我知道這相當於以一種罪行掩蓋
另一種罪行的金融犯罪。初等金融課都有教，執行長不是外
匯交易員，股東也不會期待公司代表股東在外匯下注。這確
實是一場賭博：沒有人能確知匯率未來的走向。要是美元沒
有升值、反而直直落，這宗交易就會從十八層地獄翻落更恐
怖的無間地獄。那就是政策之所以規定以美元為基礎的大型
資產必須以美元評價（以及融資）的原因。

　　在一個天真的二十幾歲年輕人眼中，這無異是一顆震撼
彈。我本來以為會看到通盤的分析、對多種選項的審慎考
量、深思熟慮的辯論，以及各種情境的量化結果。但是，我
眼睜睜看著一位執行長明明知道不合理，卻偏偏要去冒險，
而他基本上除了信任直覺以外，幾乎沒有其他理由。

　　當然，這種事我的同事多半都看得多了。他們的解讀分
為兩個陣營。大部分人只是聳聳肩並（措辭更為得體的）說
道，那位執行長是個不折不扣的瘋子。等著瞧吧，他們說：
他待不久的。另一派則持完全相反的觀點：這人是個天才，
他能建構策略觀點，還能看到機會，遠遠超越顧問所能理解
的層次。他無視我們目光如豆、一板一眼的分析，這就是他
高瞻遠矚的證明。等著看吧，他們說：事實會證明他是對的。

對於這兩種說法我都不滿意。如果他是瘋子,為什麼會當上執行長?如果他是天才,在策略面上天生具備未卜先知的能力,他為什麼要請我們運用拙劣的方法,只為了漠視我們的結論?

成功的策略都不相同,失敗的策略都似曾相識

答案隨著時間推移而浮現。那位執行長當然不是瘋子:在這樁交易之前,甚至在此之後,在他的國家,他都是大家公認他那一代最受尊敬的企業領袖之一。

他也有令人咋舌的豐功偉業。那件收購案最後成為一場大捷(沒錯,美元確實升值了)。歷經幾輪豪賭之後(其中許多都一樣具有高風險),他把一家接近破產的地方企業,變成全球業界龍頭。我有些同事可能會說:「看吧,他就是個天才!」

事情要是這麼單純就好了。後來在我擔任跨國企業執行長與高階經理人顧問的二十五年間,有機會觀察到更多像前述那樣的策略性決策。我很快就體認到,教科書中的決策流程,與做選擇時的實際情況之間有著鮮明對比。我的第一位

客戶並沒有特別奇怪。這是常態。

　　但是，還有一個同樣重要的結論，也讓我深為震撼：雖然這些非正規決策有一部分是以喜劇收場，但是大部分都沒有圓滿的結局。策略性決策的錯誤絕非罕見。如果你對此有所懷疑，就去問問最接近決策的那些觀察者：在一項涵蓋大約兩千名經理人的調查裡，只有28%的受訪者表示他們的公司「一般而言」都能做出優質的策略性決策，多數（60%）覺得壞決策和好決策的頻率參半。

　　沒錯，我們公司會定期編製厚厚的報告，警告企業領導者防範壞決策的風險。我們也像其他顧問公司以及許許多多的學術機構一樣，覺得自己必須扮演吹哨人的角色，警示那些事實證明特別危險的策略性決策。但是，顯然沒有人在聽。我們告訴經理人，留意溢價過高的收購，但是就像我的第一位客戶，他們立刻著手收購規模更大、開價更高的企業，並經常在過程中損及股東價值。我們建議，投資要撙節預算，因為投資計畫通常太過樂觀，而他們還是一樣保持樂觀。我們寫道，不要陷入價格戰，但是客戶還來不及留意這則建言，就已經深陷戰壕，置身於猛烈的炮火之下。我們警告客戶小心競爭者用新科技對你搞「破壞」，卻眼睜睜看著現有業者一個跟著一個退出市場。我們大聲疾呼，要學習停

損、停止加碼投資在失敗的事業上，然而這個建議還是被當成耳邊風。

當然，這裡提到的每一項錯誤都有幾個可資警惕的例子。這些故事鮮明而令人難忘，幸災樂禍的讀者甚至會覺得津津有味。在本書裡，你會讀到更多這類例子（更精確的說，是三十五個）。

但是，個別的故事並不是重點。重點在於，有些類型的決策更常失敗。當然，這不是絕對顛撲不破的法則：有些收購者確實透過收購創造價值；有些現有業者確實讓核心事業在被顛覆之前起死回生，諸如此類的事還有很多。這些成功事蹟為面臨相同處境的人帶來一些希望。但是，從統計上來說，這些是異數。失敗才是常態。

簡單來說，如果我們客戶做的策略性決策後來得到豐碩的成果，有時候是因為他們打破規則，行動違背傳統，一如我第一位客戶的作為。但是，客戶如果失敗了，很少是因為採取有創意的新方法。相反的，他們做的決策，恰好是前人做過的糟糕決策。這點與托爾斯泰在《安娜・卡列尼娜》中寫下的那句家庭境遇觀察名言恰好背道而馳：根據研究差異化策略的學者長久以來所抱持的理論，每項成功的策略各有其獨特的巧門。但是，所有失敗的策略，看起來都似曾相識。

失敗的「壞人理論」，以及失敗的原因

　　對這些失敗案例的標準解釋，如同大部分同事在我的第一個專案裡所提出來的說法：要怪就怪那些差勁、無能、瘋狂的執行長！只要有公司陷入麻煩，商業媒體的報導就把過錯一股腦的怪到公司領導者頭上。記述這些失敗案例的書，通常會列出負責人「不可饒恕的罪狀」，毫不猶豫的把這些罪狀都歸咎於人格缺陷。最常見的缺陷可以直接取材自有八百年歷史的七宗死罪：怠惰（較富有商管氣息的說法是「對現狀感到自滿」）、傲慢（通常是說「過度自信」），當然，還有「貪婪」（無需多做解釋）、憤怒、嫉妒，甚至連「暴食」都會客串演出。*至於最後一個「淫慾」……這個嘛，請自己找新聞來讀。

　　就在我們把成功企業的領導者捧為明星（領導與成功的「偉人理論」）的同時，我們似乎也毫無疑問的接受失敗的「壞人理論」。卓越的執行長締造出色的績效；低落的績

---

* 沒錯，就是「暴食」。《財星》（*Fortune*）雜誌有篇關於傑西潘尼百貨（J. C. Penney）的封面故事（第1章會再討論）提到：「有微兆顯示，董事會沒有竭力盡忠職守。艾克曼（William Ackman）老是在抱怨，對傑西潘尼董事會在會議裡招待的巧克力豆餅乾表示不滿……有的傑西潘尼董事也表達對會議裡供應的料理水準感到憂心。」

效都是拙劣執行長的錯。這種解釋更能滿足道德心理，而且能作為要求執行長當責的正當理由（最重要的是，他們成功時的豐厚報酬因此變得名正言順）。還有，至少在表面上看起來合乎邏輯的是：如果執行長在事前得到許多警告，卻仍然重蹈覆轍，步上他人失敗的後塵，他們必然出了很嚴重的問題。

然而，不需要耗費太多功夫去深究，這個理論的缺陷就已經暴露無遺。首先，從決策的結果定義何謂好的決策和好的決策者，最終會成為一種循環論證，派不上什麼用場。如果你要做決策（或是挑選負責做決策的人），你需要的是在結果出現**之前**，用來判斷哪個選擇有效（或誰是好決策者）的方法。實務上，就像我從同事們對我的第一位客戶所抱持的分歧意見中學到的，在做決策的時候，沒有萬全的方法能分辨決策者的優劣。就連分辨個別決策是「好」或「壞」（根據我們對「好」的定義），都需要解讀未來的能力。

第二，如果所有公司都容易犯相同的錯誤，那麼把那些錯誤歸因於各個不同的決策者，根本說不通。沒錯，無能的決策者或許都會做出拙劣的決策。那麼，我們是不是應該預期他們會做出各不相同的拙劣決策？如果我們觀察到一千個一模一樣的錯誤，其中似乎應該只有一個解釋，而不是一千

個不同的解釋。

第三,也是最重要的一點,把這些執行長斥為無能或瘋狂,顯然是荒謬的說法。那些在大型、知名的企業擔任執行長的人,都已經努力工作數十年,不斷展現不同凡響的能力,並累積輝煌成功的資歷。若非援引那些與至高力量降災有關的某種神祕心理轉變(「上帝在毀滅一個人之前,必先讓他瘋狂」),我們根本沒有道理假設,有這麼多大型企業的領導者都是平庸的策略家、拙劣的決策者。

如果我們排除失敗的「壞人理論」,就要面對一個令人費解的問題。做出壞決策的人並不是拙劣的領導者,而是極度成功、經過精挑細選、備受尊崇的人。這些領導者向有才幹的同事和顧問徵詢建議,能取得他們想要的所有資訊,而且普遍享有健全而適當的激勵誘因。

這些人並不是拙劣的領導者。這些人是一流領導者,甚至是偉大的領導者,只是他們做出可預測的三流決策。

行為科學的解答

對於這個謎,行為科為提出一個大家迫切需要的解答。

由於人類不遵從經濟學家的理性決策理論模型,所以才會犯錯。這些不是普通的錯誤,而是系統化、非隨機、可預測的錯誤。這些錯誤是經濟理性的系統性偏差,我們稱之為「**偏誤**」(biases)。我們無需假設這些人是瘋狂的決策者,反而應該預期,頭腦清楚的人(包括執行長在內)也會犯前人所犯的錯誤!

這種體認可以充分解釋,行為科學為什麼會在企業與政府的領導者之間成為顯學。但是目前為止,行為科學受到歡迎的最明顯表現,與執行長的決策無關,而是以兩種你絕對聽過的形式呈現,那就是**無意識偏見訓練**(unconscious-bias training)和**推力**(nudging)。

透過訓練所要消除的「無意識偏見」,就是我們在與別人的互動中夾雜的偏見,尤其是對方屬於少數群體時。愈來愈多組織意識到由性別主義、種族主義和其他偏見所造成的問題,因此訓練員工發現並克服這些偏見。這些訓練能讓參與者意識到,即使他們本意善良,卻仍然會有這些偏見,而訓練的方式通常是給他們看不同的形象或模範,以改變他們不自覺的聯想。(這類強制的介入訓練是否有效,一直是引發熱烈辯論的議題,但這不是本書的重點。)

第二種方法與前一種形成對比:它不是要讓偏誤消失,

而是因勢利導，藉由運用偏誤而獲益。這就是推力，即理查・塞勒（Richard Thaler）和凱斯・桑斯坦在《推出你的影響力》這本書中推動的運動。

推力源於一個和政治科學一樣古老的辯論：如果公民的選擇所產生的結果，被公民自己評判為不是最佳結果，那麼政府應該怎麼辦？有些人主張政府應該主動介入。比方說，如果大家的儲蓄不足，政府就可以設置稅賦誘因，鼓勵人民儲蓄；如果人民吃太多，可以祭出徵稅和禁令來阻止他們。然而，有些人卻反駁，認為成人應該自己做選擇，當然也包括選擇犯錯；只要人民的選擇不危害他人，政府就沒有置喙的餘地，不能告訴人民該做什麼、不要做什麼。

塞勒和桑斯坦的高妙見解，就是在家長主義和自由主義這兩個觀點之間提出第三條路，他們稱之為「自由家長主義」（libertarian paternalism）。政府可以巧妙的包裝選項，輕「推」大家往最佳行為靠攏（何謂「最佳」還是根據人民自己的評判），而不造成任何一絲強迫。例如，改變選項的呈現順序，尤其是改變個人不做選擇時的預設選項，在許多情況下都能讓結果大不相同。

英國政府設立行為洞見團隊（Behavioural Insights Team），這是第一個運用推力作為政策工具的政府。許多國

家、區域和地方政府機構（光是經濟合作暨發展組織國家就超過兩百個）都建立自己的推力小組，在各種領域協助政策制定者，影響範圍廣及守法納稅、公共衛生到廢棄物處理等等。

企業界也採用「推力」一詞，有時候甚至成立「企業行為科學小組」之類的單位。有些企業，特別是在金融業，成功利用交易行為的系統異常（systematic anomaly）為自己謀利。不過，大致來說，企業從行為經濟學的應用中「發現」的方法並不是新的事物。一如塞勒在其他文章裡所言：「推力只是工具，而這些工具在凱斯和我為它們取名之前，就存在已久。」確實，無論正當與否，從他人的偏見中獲利是做生意最古老的巧門之一。當「行為行銷」專家宣稱要分析消費者的偏見，好更有效的影響消費者行為，他們做的通常是重新挖出大家都知道的廣告技巧。當然，一如塞勒挖苦的說法：「騙徒不需要讀我們的書，也知道如何施展他們的技倆。」

行為策略

運用行為科學還有第三種方法。採納行為科學的決策

　　者，目標不在於像無意識偏見訓練那樣來修正員工的偏見，也不在於用推力運動和類似的企業計畫那樣利用他人的偏見，他們想要做的是解決策略性決策裡的偏誤。

　　只要細想就會明白，這麼做非常有道理。如果你相信你的策略性決策會左右大局，也接受決策裡的偏誤會導致錯誤，那麼你的偏誤或許就會產生決策失誤。即使你是個能幹、謹慎而努力的經營管理者，可能還是會犯下可避免、可預測的錯誤。這正是前文討論過的，優秀領導者做出拙劣決策的神祕問題。只不過，這一次的主角不是「他們」，而是你自己。還有，這個問題也沒有什麼神祕之處，這是行為問題。

　　在學術界，以這個主題為焦點的策略研究新流派出現了，並且有個名正言順的稱呼：「行為策略」。套用這個流派中某些領袖的話，它的目標是「對於人類的認知、情感和社會行為，為組織的策略管理引入合乎現實的假設。」諸如「認知」、「心理學」、「行為」和「情感」等關鍵詞，現在都經常出現在學術策略期刊。〔2016年，《策略管理期刊》（*Strategic Management Journal*）中超過五分之一的論文有它們的踪影。〕寫給實務人士的出版品也反映出對這個主題日益濃厚的興趣。針對決策者所做的調查顯示，許多人都覺得

需要解決偏誤問題，以提升決策品質；麥肯錫有一項涵蓋約八百名企業董事的調查發現，「減少決策偏誤」是「高影響力」的董事會最重視的自我期許。

簡言之，現在有許多企業領導者都發現，他們應該解決策略性決策的偏誤。但是，究竟要怎麼做？本書的焦點就是解答這個問題。

三個核心觀念

在此先簡述這個問題的答案。它可以總結為三個核心觀念，也將會分別在本書的三部內容中闡述。

第一個觀念：偏誤誤導我們步入歧途，但是方向並非隨機。人類的瘋狂是講方法的。正如丹·艾瑞利（Dan Ariely）讓人印象深刻的說法，人類或許不理性，但是不理性可以預測（predictably irrational）。在組織的策略性決策中，我們可以學習辨識，偏誤交加下所導致的策略錯誤中反覆出現的模式。這些模式正能夠解釋：在某些類型的策略性決策，我們經常觀察到拙劣的結果；那些失敗不是例外，而是規則。本書第一部要討論的，就是偏誤帶我們掉入的九種決策陷阱。

第二個觀念：處理偏見的方式，就是不要設法去克服偏見。一般而言，你無法克服自己的偏見，這點可能與你在這個主題所讀到的大部分建議背道而馳。此外，你也不需要去克服偏見。請思考一個對行為科學抱持懷疑的人經常提出的問題：人類如何在自身的限制下成就這麼多事物？或者，「要是人類這麼笨，那我們是怎麼登上月球的？」當然，答案就是身為人類的「我們」並沒有登上月球。登上月球的是一個龐大複雜的組織，那就是NASA。我們的認知能力有無法突破的極限，但組織可以彌補我們的不足。組織可以做出比個人決策更沒有偏見、更理性的選擇。我會在第二部說明，要做到這點，需要兩項關鍵條件：合作與流程。我們需要合作，因為眾人比單一決策者更容易偵察到偏見；而要實踐眾人的洞見，則需要妥善的流程。

第三個觀念：組織可以克服個別的偏誤，但是做到這點不是靠偶然。若是任憑團體和組織用自己的方法抑制個別偏誤，效果不但有限，通常還會讓偏誤雪上加霜。對抗偏誤需要針對做決策的方式進行批判思考，也就是「決定如何做決定」。因此，有智慧的領導者不會認為自己就可以做出穩當的決策；因為他知道，如果只憑一己之力，自己絕對不可能做出最佳決策，他會把自己視為決策建築師，負責設計組織

裡的決策流程。

　　我會在第三部描述，決策建築師用來設計有效策略性決策流程的三項原則。也會以四十項實用技巧說明這三項原則，這是全世界各地組織都採納的技巧，從新創事業到跨國企業都包括在內。這些技巧絕不是你應該盡速養成的「四十個習慣」。我列出這些技巧，目的是提示你去挑選對組織或團隊有效的技巧，同時也鼓勵你發明自己的技巧。

　　我寫這本書的根本目標是希望你能獲得啟發，期許自己成為你的團隊、你的部門或你的公司的決策流程建築師。在下一個重大決策來臨之前，如果你能在決定如何做決定方面花點心思，你就會走上正軌。或許，你也能避免鑄下大錯。

第一部

九大陷阱

1

說故事陷阱
我只想聽我想要相信的故事

這個故事全都是真的，因為它全都是我編的。
——鮑希斯·維昂（Boris Vian），
《歲月的泡沫》（*L'Ecume des Jours*）

　　1975年，第一波石油危機爆發之後，法國政府推出一則廣告，鼓勵節約能源。廣告標語是：「我們法國沒有石油，但是有點子。」同年，有兩個人找上法國國有企業、石油巨擘埃爾夫阿奎坦公司（Elf Aquitaine）。這兩個人沒有石油業的資歷，但是宣稱發明出一種不用鑽探也能發現地下石油的革命性方法。這兩個人解釋，他們的方法可以讓一架裝載特殊裝備的飛機，從高海拔的空中「嗅」到石油在哪裡。

　　當然，這項所謂的「科技」是一場騙局，手法甚至不算特別精細。這兩個高超的騙子事先變造照片，在這台神奇機器展示試運轉的成果。等到試驗開始後，他們運用遙控裝置，在螢幕上顯示油層的影像。

　　這個故事聽起來或許很荒謬，但是埃爾夫阿奎坦公司的領導者，從研發部門的科學家到執行長都相信了。等到要挹注高額資金來測試新流程的時候，他們還說服法國的總理和總統簽核這筆經費。令人驚嘆的是，這場騙局維持超過四年，花了這家公司大約十億法郎。從1977到1979年，付給這兩個騙子的錢，甚至超過埃爾夫阿奎坦付給法國政府這個大股東的股利。

　　這個故事實在太不可思議，現今的年輕聽眾聽聞此事時（尤其聽眾如果不是法國人的話），比較善良的反應是給予

同情，最惡毒的反應則是諷刺貶低法國領導者的智商（或品格）。這怎麼看都是一場詐欺，怎麼會騙倒法國龍頭企業的高層管理者，更不要說是整個法國政府？怎麼會有人愚蠢至此，竟然相信嗅油飛機這種東西？正經的商界人士絕對不會相信這樣荒唐的故事！

　　真的不會有人相信這麼荒謬的故事嗎？時間快轉到2004年的加州，主角是一家正在募資的新創事業，名叫「大地聯盟」（Terralliance）。創辦人艾爾藍‧奧爾森（Erlend Olson）之前是NASA工程師，沒有石油業的資歷。他的葫蘆裡在賣什麼藥？猜對了！他想要改良一種從飛機上偵測油田的技術。

　　同樣的騙局再次發生，只不過換了場景和演員。這一次的投資人是高盛（Goldman Sachs）、創投業者凱鵬華盈（Kleiner Perkins），和其他叫得出名號的投資公司。這一位「發明家」散發的是德州牛仔的粗獷魅力。之前故事中採用的飛機是埃爾夫阿奎坦採購的陽春波音707，現在換成購自蘇聯軍隊剩餘的蘇愷（Sukhoi）噴射機。歷史再次重演，幾乎都沒有改變，連經過通膨調整後的投資金額都差不多：五億美元。不用說，這次故事的結局和前一次一樣令人嘆息：要從飛機上「嗅」到石油顯然相當困難。

　　聰明、經驗豐富、在專門領域具有高度專業的人，在做極具影響力的重大決策時，仍然可能莫名其妙的盲目。這不是因為他們決定把謹慎丟到一旁，大膽瘋狂冒險。在兩宗「嗅」油案裡，投資人都盡職的做了很多調查。但是，就在他們認為自己嚴格檢視事實的時候，其實心底已經下了結論。他們中的是說故事的魔障。

說故事陷阱

　　說故事陷阱會讓各種管理決策的思維脫序，連最普通的決策也不例外。請思考以下這則改編自真實（而典型）故事的案例。

　　你是某家公司的銷售主管，公司在競爭激烈的市場中提供商業服務。你剛接到一通傷腦筋的電話，是公司績效最好的業務員韋恩打來的。他告訴你，你們最強勁的競爭者灰熊（Grizzly）已經連兩次打敗你們公司、拿下新訂單。在兩個案子裡，灰熊的報價都遠低於公司的報價。韋恩還聽說，公司有兩位頂尖業務員剛剛提出辭呈：傳聞他們要跳槽到灰熊。雪上加霜的是，他還聽到風聲，灰熊正在積極接洽你們

一些往來最久、最忠實的客戶。在掛上電話前，韋恩建議你在下一次管理會議上檢討公司的訂價水準，根據他與顧客平時的互動，公司的訂價似乎愈來愈不可行。

這通電話令人憂心。但是身為經驗豐富的專業人士，你並沒有驚慌失措。當然，你知道你必須先確認剛剛得到的資訊虛實。

你馬上打電話給另一個你完全信任的業務員史密特，他也注意到緊繃、不尋常的競爭氛圍嗎？事實上，史密特正打算和你談這件事！他不假思索，證實灰熊最近特別積極。史密特剛和忠實顧客群裡的一家公司順利續約，雖然灰熊的報價比他低15%，不過史密特和這家公司的總裁有穩固長久的個人交情，才能成功保住這家客戶。然而，他還說，另一份合約很快就要到期並續約。如果公司和灰熊的報價差距還是這麼大，會更難保住這一家公司的合作案。

你感謝史密特撥空回答你的問題，掛上電話。你的下一通電話是打給人力資源部門主管：你想要確認，韋恩說有業務人員加入競爭對手的消息是否屬實。人資證實，那兩個要離職的業務員在離職面談時都說，因為受到更高的績效獎金吸引，他們要去灰熊工作。

綜觀來說，這個消息開始讓你擔憂。第一個警示或許只

是一個微不足道的偶發事件，但是你花時間去確認虛實。韋恩會是對的嗎？你需要考慮降價嗎？至少，你會把這個問題列入下一次經營管理委員會會議的議程。要不要展開價格戰？你還沒有定論。但是現在問題就在眼前，而且可能會導致慘重的後果。

為了讓你理解為什麼會走到這番境地，我們先來追溯你對韋恩那通電話的推論過程。無論是有意或無心，韋恩做的正是「說故事」的要素：針對單獨的事實賦予意義，藉此建構一個故事。然而，他說的這個故事，完全稱不上不證自明。

面對同樣的事實，我們審慎思考一下。有兩個業務員辭職了，以你們業務人力流失率的歷史資料來看，或許這並沒有什麼不尋常之處。他們離開公司，投靠最大的競爭者，這件事也沒有什麼好奇怪的：還有哪個地方更可能成為他們的去處？還有，韋恩和史密特兩個人都發出警報，抱怨競爭者的來勢洶洶。他們成功續約並留住客戶，並把功勞全歸給自己，歸功於他們與客戶穩固的關係。聽到業務員這麼說，也沒什麼好意外。最重要的是，我們在談的交易有多少筆？韋恩沒能拿下兩家新客戶，但是也沒有丟掉任何一家客戶。史密特留住一個現有客戶，而他正掌控著即將重新協商的合

約，你對此有所期望。總而言之，目前為止你沒有流失（或新增）任何一份合約！如果拿掉第一個故事的扭曲鏡片再來解讀這項資訊，結果這項資訊其實沒有這麼重要。

那麼，你是怎麼走到認真考慮降價的這一步？因為說故事的陷阱已經設下。你相信自己正在客觀的檢核事實。韋恩提出這些事實，但你其實是在尋求證據去證實他的話。真正要打探韋恩的話是否正確，你大可問道：公司其他業務員在最近幾週簽下多少新客戶？你是否真的丟失市場占有率？灰熊提供給客戶的低價，是否和你提供給客戶的服務相符？

問這些問題（還有許多其他問題）都有助於讓你發現，降價唯一正當的理由是：相較於競爭者，公司的價值主張受到嚴重侵蝕。如果這樣的問題存在，你或許應該降價。但是，你沒有問那些問題。你對問題的界定，受到韋恩一開始的故事影響。你沒有蒐尋會否定那個故事的資料，反而直覺的尋找能證實它的資訊。

我們可以輕易看出，同樣的思考方式如何帶領其他人誤入歧途，包括法國石油公司管理階層和美國的創投公司。有人講一個好聽的故事時，我們往往很自然會傾向先極力蒐尋能證實故事的元素，之後當然也會找到這些元素。我們以為自己在做嚴謹的事實查核。當然，事實查核很重要：例如，

韋恩的資訊可能是不正確的事實。但即使是正確的事實,也會讓人做出錯誤的結論。事實驗證和故事驗證是兩件不同的事。

說故事的力量來自我們對故事永不滿足的好胃口。就像納西姆·塔雷伯(Nassim Taleb)在《黑天鵝效應》(*The Black Swan*)裡指出的:「我們的心智是優秀的解釋機器,能夠從幾乎所有事物裡解讀意義,能夠為各種現象想出一堆解釋。」無論是面對一些單獨事實的韋恩,還是剛得知那些消息的你,都想像不到它們所構成的模式是出於偶然;也就是說,將這些事情放在一起可能一點意義也沒有。我們的第一個衝動是把它們視為脈絡連貫的敘事元素。我們根本不會想到,它們可能只是巧合。

確認偏誤

讓我們掉進這種陷阱的心智機制有個熟悉的名字:確認偏誤,這是推論錯誤最普遍的原因之一。

確認偏誤在政治領域特別有威力。我們一直都知道,人們對政治主張的感受取決於他們預先存在的觀點:大家觀看

同一場候選人辯論，雙方各自的支持者都認為他們擁護的候選人「贏了」。各方對於己方候選人的主張都比較可以接受，對於對手的勝出之處都比較不關注，這種現象又稱為「我方偏見」（myside bias）。對立政治陣營裡的人，在接收一模一樣的事實和主張時，對於他們已有定見的主題也會出現同樣的情況。在雙方可以選擇接觸哪些資訊來源時，這種效應甚至會更強烈：因為他們更容易忽視那些違反自己立場的礙事資料。

確認偏誤對政治意見的影響，隨著社群媒體的興起而呈指數般迅速膨脹。透過設計，社群媒體讓用戶更常接觸朋友的貼文，而這些貼文往往呼應每個使用者既定的意見，也因此使這些意見更加強化。這就是現在大家熟悉的「迴聲室」或「同溫層」現象。此外，社群媒體經常會傳播不正確或誤導的資訊，這就是現在大家都知道的「假新聞」。在確認偏誤的影響下，我們幾乎不必懷疑許多社群媒體使用者對於支持他們目前信念的假新聞，會字字句句照單全收。確認偏誤不只是影響政治立場，甚至連科學事實的解讀也無法逃脫它的影響。無論主題是氣候變遷、疫苗，或是基因改造生物，我們往往會從寬接受與我們意見一致的陳述，對於那些挑戰我們立場的陳述，則會立刻尋找忽視它們的理由。

　　或許你會認為，這點和教育、智力有關，只有愚鈍、渙散或盲目支持政黨的讀者才會掉進這些陷阱。不過令人意外的是，事實並非如此：我方偏見和智力沒有什麼關係。例如，美國人看到一份顯示德國車有危險的報告時，有78%的人會認為應該禁止德國車在美國上路。但是，當他們看到一模一樣的報告，指出美國福特探險家（Ford Explorer）在德國被認定是危險車種時，卻只有51%的人認為德國政府應該採取行動。這是我方偏見一個明顯的例子：對國家的偏心，影響受測者對相同事實的反應。令人憂心的是，這個實驗的結果並沒有因受測者的智力而異。最聰明的受測者，反應和智商較低的受測者一樣。高智力不是抵擋確認偏誤的金鐘罩。

　　顯然，並不是所有人都一樣天真或容易上當。有些研究指出，傾向相信最荒謬的假新聞，與科學好奇心或高度批判思考技巧等特質呈現負相關。但是無論我們的批判思考能力如何，我們都更容易相信支持我們意見的好故事，而不是相信那些困擾或挑戰我們的好故事。

　　確認偏誤的影響甚至涉及我們認為（或希望）完全客觀的判斷。例如，倫敦大學（University College London）認知神經科學研究人員艾提爾・卓爾（Itiel Dror）就證明，鑑識

科學家（因為《CIS犯罪現場》之類的電視劇而出名）也會犯確認偏誤的錯。

卓爾在極為引人注目的一項研究裡，給指紋鑑識人員看一對潛在指紋（Latent prints）和標本指紋（exemplar prints），前者取自犯罪現場，後者來自指紋資料庫，然後問這兩個指紋是否相符。事實上，這些指紋鑑識專家在幾個月前就已經在日常工作裡看過這對指紋。由於他們一年要處理幾百個指紋，無法認出這些是他們看過的指紋，因此相信自己是在處理新案件的新指紋。卓爾在呈現這些「證據」時，也附帶一些可能會讓鑑識人員形成偏見的資訊，例如「嫌犯的自白」，或是相反的資訊：「嫌犯有確實的不在場證明」。在大部分的案例中，這些專家的判斷都與他們之前比對資料的解讀相左，而做出與附帶的「誤導」資訊相符的結論。由此可見，即使是能力高超和本意良好的人，還是會在不知不覺中成為偏誤的俘虜。

優勝者偏誤與經驗偏誤

要觸發偏誤，必須有一個言之成理的假設，像是卓爾

在指紋實驗裡提供的附帶「證據」。而為了讓假設聽起來有理，編故事的人也必須是可信任的人。

如果你是接到韋恩電話的銷售主管，你之所以相信韋恩，其中一個理由來自你對他的信心。同樣一通電話，如果來電者是績效最差的業務員，你或許會不以為意，把這些話斥為表現不佳者的牢騷。當然，我們會比較信任某些人，而不是其他人，我們對傳遞訊息者的認識，會影響訊息在我們心目中的可信度。但是我們通常會低估一個有可信來源的故事有多麼容易說服我們。當傳遞訊息者的信譽高過他所傳達資訊的價值、當計畫的倡議者比計畫本身重要，我們就會落入「優勝者偏誤」（champion bias）。

誰是讓我們最有信心的優勝者？我們自己！當面對一個必須解讀的情況，立刻浮現在我們腦海、並讓我們努力去證實的故事來自我們的記憶，也就是我們對類似情況的鮮明經驗。這就是「經驗偏誤」（experience bias）。

在傑西潘尼百貨的故事裡，優勝者偏誤與經驗偏誤同時發揮作用。2011年時，這家擁有大約一千一百家百貨公司的中階市場零售商正在尋覓新執行長，為這家老化的公司引進新氣息。董事會找到擁有完美履歷的「優勝者」來擔任救世主，那就是隆恩・強森（Ron Johnson）。強森是真

正的零售業高手，曾經成功改造塔吉特百貨（Target）的銷售營運。最重要的是，他是開創與發展蘋果專賣店（Apple Stores）的大功臣〔當然，史帝夫‧賈伯斯（Steve Jobs）也是〕。蘋果專賣店掀起電子產品零售革命，而且締造零售史上最令人驚豔的成就。傑西潘尼還能找到比強森更好的領導者來帶領改造計畫嗎？沒有人懷疑強森無法交出一張亮麗的成績單，就像他在蘋果時所創造的功績。

　　強森提出一項徹底擺脫傳統的策略，並抱著一股非凡的幹勁去實行。基本上，他的靈感取自讓蘋果專賣店成功的策略：創新的店面設計、提供嶄新的店內體驗，以吸引新的目標消費者。但是，他把這項策略應用在傑西潘尼時，做法更為積極，因為他現在要做的是改造一家現有的公司，而不是從無到有建立一間新商店。

　　強森對於改造企業充滿豐沛無窮的熱情，而他的靈感顯然是來自蘋果專賣店。強森意識到，品牌力量是蘋果專賣店成功的關鍵因素，於是讓傑西潘尼與知名品牌簽下高價的獨家契約，並根據品牌（而非商品部門）著手改裝店面。當年蘋果砸下重金為產品創造奢華的布置，強森也投入大量資金，重新設計傑西潘尼的商店，並進行品牌改造，改稱為「jcp」。強森借鏡蘋果不特賣也不打折的固定價格政策，摒

棄傑西潘尼一年到頭不斷促銷、到處發放折價券的慣例，改為施行每日低價品和每月特賣活動。強森擔心傑西潘尼的幕僚不夠努力實行這些改變政策，於是汰換管理團隊大部分的成員，替補者通常是前蘋果的主管。

令人訝異的是，在將這些改變政策推行到全公司之前，沒有實行任何一場小規模的測試，也沒有舉行焦點團體討論。為什麼？一如強森提出的解釋，因為蘋果不屑測試，而沒有測試從來不曾妨礙蘋果締造出輝煌的成就。難道沒有人對劇烈的策略改弦更張感到存疑嗎？（如果有，）強森的回應會是：「我不喜歡負面的想法，質疑會剝奪創新的氧氣。」

如果說這項策略的下場慘兮兮，還算是客氣。傑西潘尼的常客根本認不出這家店，也找不到吸引他們上門的優惠券。強森想要以嶄新的「jcp」讓顧客驚豔，但顧客不覺得傑西潘尼的新樣貌有什麼了不起。到了2012年底，傑西潘尼的銷售衰退25%，儘管它裁掉兩萬名員工來削減成本，年度虧損還是直逼十億美元。股價跌了55%。

強森掌兵符的第一個完整年度，也是他在位的最後一個完整年度。在他到任十七個月後，董事會終於中止這場實驗，重新聘用強森的前任者回鍋，而這位回鍋的執行長做的

事情，就是盡其所能的取消強森所做的每一件事。

　　董事會相信優勝者，而優勝者信任自己的經驗。雙方都相信一個卓越的故事：出現一位可以再次打破所有規則、重現輝煌成就的救世主，有什麼商業故事會比這種希望更讓人難以抗拒？董事會（以及執行長本人）一旦相信這個故事，就會忽略這項策略出現的所有失敗跡象。相反的，不管他們怎麼看，都會找理由印證自己最初的信念。這就是確認偏誤的作用和說故事的力量。

人人都有偏誤

　　當然，我們都相信，如果我們是傑西潘尼的董事會成員，一定不會相信強森的話。他犯的錯看起來荒謬無稽，就像嗅油飛機醜聞案裡埃爾夫阿奎坦的領導者。他們想必有多麼不稱職又傲慢無知！

　　我們有這種反應也不奇怪，就像沉船事件發生之後，人人都會怪罪船長。財經媒體一向把大型企業的錯誤歸咎為領導者的錯。商管書裡有各式各樣類似的故事，而重點通常是放在領導者的性格缺陷：驕傲、個人野心、妄尊自大、頑

固、不聽他人意見，當然還有貪婪。

　　把每件災難都歸因於個人的錯是多麼讓人安心的事！這樣一來，我們就可以繼續想著，如果換成是我們，絕對不會犯下同樣的錯。我們也因此可以得出一個結論：這種過失必然極不尋常。遺憾的是，這兩個結論都是錯的。

　　首先，我們要指出一件最明顯的事：這裡討論到的領導者都不是笨蛋！他們與笨蛋差得遠了！他們在犯下這些錯誤之前，有時候甚至在犯錯之後，都還是公認能力出眾的經理人，不只如此，他們當中還有許多人被封為商業奇才、高瞻遠矚的策略家、同儕的楷模。出自純正法國精英領導體制的埃爾夫阿奎坦主管當然不是天真無知之輩，而高盛或凱鵬華盈的投資人也不是。至於隆恩‧強森，有篇關於他離開蘋果的報導，用「謙卑而富想像力」、「大師的心靈」，還有「產業的一號人物」等詞彙描述他。值得注意的是，傑西潘尼的股價在強森走馬上任時暴漲17%，印證了他的聲望。

　　更重要的是，雖然這些故事令人驚嘆，它們所描述的錯誤卻完全沒有特別之處。一如我們將在後面章節看到的，有許多類型的決策，其中的差錯和不理性並不是特例，而是通則。換句話說，我們之所以挑選這些例子（包含後文也會講述到的例子），並不是因為它們很反常，相反的，

正是因為它們太稀鬆平常。它們代表錯誤一再重現的原型（archetype），把領導者推往可預測、但錯誤的方向。

我們不應該把這些例子斥為特例，反而應該自問一個簡單的問題：一位廣受推崇的決策者，領導一個經過時間考驗的組織，身邊還圍繞著一支精挑細選的團隊，怎麼會掉入我們眼中看似非常粗糙的陷阱呢？答案很簡單，那就是當一個好故事擄獲我們時，我們就會變得無法抗拒確認偏誤。我們會在後文看到，同樣的推論也適用於後面章節所探索的偏誤。

「我只要事實」

許多經理人相信自己對說故事的危險免疫。他們說，解藥很簡單：相信事實，不要相信故事。有「事實和數字」，他們還能掉進哪個陷阱？

結果，他們還是掉進同樣的陷阱：就連我們相信自己是以事實作為唯一根據來做決策時，我們也在對自己講故事。我們面對客觀事實時，無論是否出於個人意識，如果不找故事詮釋事實，我們就無法思考。關於這種風險，有個例子正

來自一群無論在方法上、性情上都應該執著於事實、對確認偏誤免疫的人，也就是科學家。

過去二十年，科學界發表愈來愈多不可能複製的科學研究成果。特別是在醫學和實驗心理學領域，「可複製性危機」（replication crisis）正愈來愈嚴重。關於這個議題，最常被引用的一篇文章，標題就是〈為什麼大部分發表的研究發現都是偽結論〉。當然，這個現象有很多種解釋，但是確認偏誤是重要的因素。

理論上，科學方法應該防範確認偏誤的風險。比方說，如果我們要測試一種新藥，那麼我們實驗的目標不應該是證實「治療有效」這個假設，而是要測試「虛無假設」，也就是證實藥物無效。當實驗結果能以夠高的機率否決這個虛無假設，那麼「對立假設」（也就是藥物有效）才能成立，這樣才能肯定研究的結論。理論上，科學探索的過程是在違逆我們的自然本能：它尋求的是否決最初的假設。

然而在實務上事情更為複雜。研究計畫要投注長期的心力，而在這段期間，研究人員要做許多決策。他們在定義研究問題、執行實驗、決定哪些是應該要排除的「離群值」、選擇統計分析技巧、挑選要發表哪些結果時，都要面臨許多方法論的問題，而這時或許有幾個可接受的答案可以選擇。

姑且不論科學騙局的案例（這些相當罕見），那些選擇就是
確認偏誤乘隙而入的漏洞。研究人員再怎麼立意良善與誠實
可信，都能影響研究結果的走向，以迎合自己想要的假設。
如果這些影響因子很不明顯，還是可能通過同儕審查流程而
不為人所察覺。科學期刊為什麼會刊出「偽陽性」的研究，
這是原因之一；這些研究有扎實的技術基礎，也通過所有必
要的統計顯著性測試，但是其他研究人員卻無法複製這些結
果。

　　例如，2014年《心理學、公共政策與法律期刊》
（*Psychology, Public Policy, and Law*）有一篇文章的作者不得
不為已發表的論文增補一張勘誤表：統計分析裡的一個錯
誤，導致他們高估結果。那篇論文的主題是什麼呢？認知偏
誤（尤其是確認偏誤）對心理健康專家在法庭證詞的影響！
作者在勘誤裡指出，他們的錯誤「說來諷刺，正好是該文要
旨的最佳寫照，也就是認知偏誤很容易導致失誤，即使是對
於避免偏誤非常熟悉、以及有強烈動機要避免偏誤的人也無
法倖免。」

　　這確實很諷刺，但也鞭辟入裡：無論我們多麼極力保持
「客觀」，對事實和數字的解讀永遠受制於我們的偏誤。我
們只能透過故事的稜鏡（而且是一個我們不知不覺想要印證

的故事）去看它們。

幻覺機器

　　讓我們回到嗅油飛機的故事。確認偏誤和說故事的力量有助於解釋，這麼多絕頂聰明、經驗豐富的人，怎麼會讓事情錯得如此離譜。1975年那樁詐欺事件與2004年那個白日夢計畫，兩者的細節儘管有差異，但主角都是技術高超的「發明家」，他們用量身打造的故事鎖定獵物。

　　1975年，法國正因第一次石油危機而方寸大亂。「發明家」向埃爾夫阿奎坦以及這個國家承諾的，正是一項不折不扣的新型能源獨立方案。法國有空中巴士（Airbus）飛機，還有全球頂尖的核能計畫，也正在興建創新的高速鐵路TVG。這個國家仍然對自己優越的科技造詣以及獨特的天命深具信心。法國可以發明出全球尚未發現、或甚至沒有人敢想像的革命性科技，讓法國重新綻放過去的榮耀光輝，這種想法在當時看起來完全沒有可議之處。除此之外，那些騙子知道埃爾夫阿奎坦的董事長是前國防部長，於是以他們的科技應用在軍事的可能性來進行誘導：如果你可以透視地面

來探勘油礦，為什麼不能透視海面來尋找戰略潛艇呢？

這些所謂的發明家沒有工程技術，但是有一項特別優異的長處：編織能吸引聽眾的故事。在那個時代與當時的背景下，這個故事對那些人有難以抵抗的吸引力。埃爾夫阿奎坦的董事長在醜聞事件後坦承：「一種堅信不移的普遍氛圍緊緊抓住每個人，因而造成心存疑慮的人把疑問放在心裡不說。」

當然，這不能作為他或同僚免責的藉口。在一份批判尖銳的報告裡，負責調查這起案件的法官寫到：「應該沒有任何考量能夠阻止相關人士產生警覺或進行批判思考。」這份報告繼續寫到：「他們沒有試圖通盤挑戰發明家和他們的流程，……所有陳述都未經檢查或驗證就照單全收。」管理階層看重「空中探測的重大活動……拒絕設計一次性任務，以測試並詳細審視工具。」埃爾夫阿奎坦派遣的專家「任務是學習和了解，而不是有系統的質詢流程。」撰寫報告的法官可能從來不曾聽聞「確認偏誤」一詞，但是他們的描述剛好是對這個詞的要義進行總結：尋找能印證最初假設的證據，卻忽視尋找推翻最初假設的證據。

事件在2004年重演時，很明顯是用同一套技巧，只是根據目標聽眾而調整故事。這一次，發明家承諾的是能夠孕

育「油氣業Google」的「革命」。這正是2000年代初期企圖心旺盛的發明家所夢想的故事：足以在整個產業、而且最好是在最大的幾個產業中掀起顛覆性的革命。從這個觀點來看，所有的弱點都變成優勢，每一支紅旗都變成綠燈。投資者不是應該為「奧爾森是石油業的門外漢」而擔心嗎？正好相反，每個人都知道，突破性的創新從來不是出自產業內部人士，而是來自有全新觀點的破壞式創業家！那麼，幾乎每個專家都對此抱持高度懷疑，這又怎麼說？那是個好徵兆，表示大地聯盟能以旋風之姿，征服這個保守、疲弱的部門！

　　人想要相信精采的故事時，什麼事情都可以說得通。有位幻滅的投資人在這件創投案中損失部分財富之後表示：「用衛星能取得那種資料，在我看來沒有道理。但是我離開那場會議時卻說：『真要命，我最好考慮一下。』簡單來說，事情的真相就和人類歷史一樣古老：一個魅力十足的人，帶來一則你想要相信的動人故事。」

本章總結：說故事陷阱

- **說故事**讓我們從一些事實中建構出一個合理的故事。但是這絕對不是唯一可能的故事，而且它可能會誤導我們，讓我們犯錯。
  - ▶ 業務員說對手要展開價格戰，看似符合事實，但這件事可能有不同的解釋，或者只是巧合。

- **確認偏誤**讓我們忽略或淡化與我們最初信念相左的資訊。
  - ▶ 政治：我方偏見，或是出於政治動機的推論。
  - ▶ 社群媒體：「同溫層」。

- 確認偏誤也會影響**聰明人和顯然「客觀」的判斷**。
  - ▶ 即使是指紋鑑識分析也難逃確認偏誤的陷阱。
  - ▶ 確認偏誤會造成科學研究的「可複製性危機」。

- 當確認偏誤支持我們對「英雄」的信心，就會加深**優勝者偏誤**。
  - ▶ 傑西潘尼的董事會對隆恩·強森完全深信不移。

- 當我們相信自身經驗的相關性，就會產生**經驗偏誤**。
  - ▶ 隆恩·強森認為他可以將蘋果專賣店的成功複製到傑西潘尼。

- 遇到我們**想聽的**故事時，說故事陷阱的效應特別強烈。
  - ▶ 兩個探油飛機的故事，都是為目標聽眾量身打造的。

2

模仿陷阱
我也可以和天才賈伯斯一樣

只有瘋狂到認為自己可以改變世界的人，
才會真的改變世界。

——蘋果公司的廣告

　　英年早逝的史帝夫・賈伯斯，在離世多年之後，還是一直受到世人的敬仰。市面上有數百本書都延續著這份敬仰，希望能讓我們學會必須從這位蘋果創辦人身上習得的種種事情，像是他的創新祕密、他的設計準則、他的演說技巧、他的領導風格、他的「禪」、他的祕密習慣，甚至是他的衣著風格。

　　儘管這種對賈伯斯的崇拜十分獨特，但尊崇企業領導者並把他們捧成像是神仙般的典範人物卻不是什麼新鮮事。1981年至2001年擔任奇異電氣集團（General Electric）執行長的傑克・威爾許（Jack Welch），還有投資人的偶像華倫・巴菲特（Warren Buffett），就屬於最早贏得信眾的領導者。其他企業傳奇人物還包括通用汽車（General Motors）的阿弗烈德・史隆（Alfred P. Sloan）、微軟的比爾・蓋茲（Bill Gates）、Google的賴利・佩吉（Larry Page），還有後來的Space X和特斯拉（Tesla）的伊隆・馬斯克（Elon Musk）。這些深具魅力的人都曾經（或現在也是）被世人封為典範人物。

　　世人對典範人物的需求是可以理解的。對任何經理人來說，藉由拿自己和其他領導者進行對照，藉此對自己提出質疑，這是一種良好的天性。然而，我們在追尋典範時，太常

犯下三種錯誤。首先，我們把一家公司的成功全都歸因於單一個人。還有，我們把這個人行為的所有面向都視為他成功的原因。最後，我們太快認為應該模仿這個典範。

蘋果的成功是因為賈伯斯是天才：歸因謬誤

我們已經看到人類透過故事創造意義的本能。以蘋果為例，我們聽過千百次的故事（在一次的一敗塗地以及一次令人驚豔的東山再起之後，締造令人難以置信的豐功偉業），恰如其分的吻合英雄故事的結構。

不過，這裡有一個問題：故事裡的英雄是賈伯斯，但豐功偉業是蘋果的。不管怎麼說，以市值來看，蘋果都是全球最大的企業之一。在蘋果的歷史上，賈伯斯當然扮演過關鍵角色，但若是說在蘋果的六萬名員工中（截至2011年，也就是賈伯斯去世那年）也有許多人對蘋果有所貢獻，也是很公道的說法。蘋果在賈伯斯離世後持續的績效表現證實了這點。即使我們只看造就蘋果奇蹟的「創意」，也就是不斷發明革命性產品這一面，也絕對不應該把全部的功勞都歸於賈伯斯一個人。

　　那麼，蘋果和賈伯斯的故事為什麼會在我們心中合而為一？因為我們渴望聽到的故事是一個英雄故事。最好的故事就是典型人物的故事。接著，我們把所有的結果都歸因於這些典型人物。我們淡化團隊裡其他成員的角色；環境與競爭者的作用；當然，還有純屬運氣的影響，無論運氣是好是壞。

　　前一章說明隆恩・強森如何成為成功故事裡的英雄，而那個故事就是打造蘋果專賣店。過去也有其他電腦製造商嘗試打造自己的零售店網絡，例如蓋特威（Gateway）就是其中一家，但是全都慘遭滑鐵盧。「沒有人相信電腦製造商可以成為優秀的電腦零售商。」一名金融分析師寫道。蘋果專賣店證明那些唱衰者看走眼。蘋果專賣店在不到十年內達到九十億美元的營收，成為整個零售產業的靈感來源。

　　蘋果專賣店以地段優越的據點、獨特的設計、精緻的顧客服務和科技創新（比方說，讓顧客不必在櫃台前排隊等結帳），翻轉這個產業的傳統認知。雖然有賈伯斯的影響，但是這個概念顯然是強森的心血結晶。強森被譽為零售業的邁達斯王（King Midas），「隆恩・強森能夠點石成金，」一名產業專家評論道：「在我遇過人的當中，沒有人比他更了解零售業。」

　　然而，這個故事還是可能有全然不同的解讀。我們驟然把蘋果專賣店的成功歸因於店面的創新設計（並因此歸功於它們的設計者），忘記一個舉足輕重的因素：蘋果推出消費史上最成功的三項產品。只要迅速瀏覽一下蘋果專賣店的營收成長，就可以把真相看得一清二楚。2001年，第一批蘋果專賣店的開張，剛好和iPod這項革命性創新產品的上市時間一致。iPhone上市之後，銷售在2008年真正遽增，營收躍升50%。接著，營收走平一年之後，在2010年突然又從六十五億美元直衝九十億美元，而那正是iPad上市的那年。

　　換句話說，蘋果專賣店的設計與銷售成功之間的因果關係，怎麼說都頗為薄弱。在蘋果專賣店前漏夜通宵排隊的顧客，為的不是瞻仰大理石地板或原木色裝潢。他們在那裡是為了搶購在別處找不到的新產品。這裡來個反事實思考的思想實驗可能會有幫助。我們來想像一下，如果蘋果用的是一個沒有那麼多靈感創意的隆恩‧強森，而他構思出的是一種「基本款」的蘋果專賣店，類似傳統的電器零售商，假設就像是百思買（Best Buy）一樣，那麼，蘋果專賣店就會不那麼成功嗎？看起來可能是。它們仍然會名列通路史上最偉大的成就之一嗎？以蘋果專賣店首賣的蘋果產品供不應求的情

況來看，答案幾乎是肯定的。

　　這項觀察的價值不只具有原創性，還在於它顯而易見。把一家店的成功大半歸因於它賣的商品不是什麼新鮮的真知灼見。還有，我們也要為強森平反一下，他其實完全知道這點。他寧可冒著流失這家商店傳統客戶群的風險，也要急著拚命徹底改造傑西潘尼的產品線，原因只有從這個角度解釋才說得通。然而，當你在前一章讀到傑西潘尼的故事時，你曾經想到這點嗎？你可能認為強森試圖在傑西潘尼複製他在蘋果專賣店的成功是愚蠢之舉。但是，你是否曾經想過，就連蘋果專賣店的成功和他個人之間有多少關聯，其實也很難說？

　　如果你的腦海不曾冒出這種想法，你並不是唯一一個這樣想的人。媒體、股市，當然還有傑西潘尼的董事會，似乎都認為強森是關鍵角色，對此不曾懷疑。看到成功（或失敗），我們的第一個念頭就是歸因於個人，歸因於他們的選擇、他們的性格，而不是環境。這種衝動始終如一，而且自然到我們甚至不會察覺。這就是我們犯下的第一個錯誤：歸因謬誤（attribution error）。

賈伯斯是天才，他做的事都很英明：光環效應

　　第二個錯誤就是，我們會因為對典範人物的敬仰，而去研究他的生活、決策和方法，並在其中尋找意義。美國心理學家愛德華・李・桑代克（Edward Lee Thorndike）在1920年描述這種錯誤心理，並稱之為「光環效應」（hallow effect）。一旦我們對某個人形成印象，就會在第一印象的「光環」裡評判這個人其他的特質。例如，我們會認為身材高大的人是比較優秀的領導者（而在其他條件相同時，他們的薪酬較高）。另一個例子是選民在評判候選人時，部分是根據候選人的外貌：政治人物必須「有模有樣」。基本上，我們運用現成的資訊（身高或外貌），以省去更為困難的評估（例如領導能力或技能）。

　　菲爾・羅森維格（Phil Rosenzweig）在《商業造神》（*The Halo Effect*）中說明，這種效應不只出現在個人，也發生在公司裡。以公司來說，最常見的就是「第一指名」（top-of-mind）的品牌知名度和財務績效。所以，在出產我們最熟知產品（現在你身旁的蘋果產品離你幾公分遠？）的企業裡尋找典範，應該沒有什麼好令人訝異的。因此，我們會從股市表現最突出的公司尋找靈感，這也同樣可以預料。

　　這種現象不只出現在蘋果，還有許多公司也變成研究和模仿的對象。最好的例子就是在明星執行長威爾許領導時期的奇異。威爾許在1999年被《財星》雜誌譽為「世紀經理人」，他在任職期間創造空前的股東價值：奇異在他任期內的股東總報酬率大約是5,200%，遠遠超越標準普爾500指數成分股中其他大型美國企業在同期間所能達成的報酬。就像今天的蘋果，這項成就引領一陣模仿熱潮。確實，威爾許鼓勵奇異經理人在公司內分享「最佳實務」，藉以彼此學習。如果最佳實務可以在這間多角化企業集團裡，從一個事業單位轉移到另一個事業單位，為什麼不能移植到其他地方？

　　這個問題沒有明顯的答案。模仿「最佳實務」看起來是常識。我們從外部尋找啟發，希望藉此對抗企業拒絕外來新構想的自滿心態以及「非我所創」症候群（not invented here, NIH）。如果我們選擇的實務、方法和措施是恰當的，這麼做就沒有問題。遺憾的是，它們通常都不恰當。

　　原因在於光環效應。一般來說，我們先挑出一家成功的企業，再從它的實務中挑選一項來模仿，此舉所根據的理論，就是這項實務對該公司整體成功的貢獻。但是，要判定蘋果或奇異哪些實務能夠「解釋」它們的成功，並沒有那麼容易。這些公司的各項作為（或不作為）當中，哪些應該視

為優越績效的配方（如果真有的話）？從《追求卓越》（*In Search of Excellence*）到《基業長青》（*Built to Last*），無數管理書籍都曾嘗試解答這個問題。這些書籍研究「經營最好」或最具「前景」的公司，致力於篩選出能解釋績效的決定因素（當然，最好是經理人可以掌控的因素）。只可惜，獵尋商業世界普遍的成功法則，目前為止都沒有成果。

　　奇異所有的管理實務當中，最引人注目的當然首推1980年代全面採行的「強制分級制度」。在這套員工績效考核制度下，每位主管都必須把員工分為三個評核等級：頂尖的20%，中間的70%，以及表現墊底的10%。正如威爾許的說明，績效低落者「會得到一次改進的機會，如果他們在一年內沒有改進，就會被要求離開。事情就是這樣。」

　　許多企業都曾嘗試採用這套制度。奇異的成功不只贏得尊崇，它的強制分級邏輯似乎也無懈可擊。誰會懷疑人才的品質是企業成功的根基？誰不想要不斷提升人才品質？擺脫績效最差的員工，自然能帶動平均人力品質的提升，又有誰能辯駁這個事實？

　　然而，採行強制分級制度的企業，絕大多數都旋即放棄這項制度。採行這套制度的美國企業，在2009年為49%，到了2011年降為14%。許多企業都提及它對團隊士氣、激

勵員工和創意發想的負面影響，還有它會助長政治操弄與偏袒徇私的風氣。就連奇異也已經取消這套制度，現在採用的是更細膩的績效評核方法。顯然，奇異的成功因素，比強制分級制度更多樣而複雜。

但是這還沒結束。假設我們可以斷定哪些實務能夠解釋蘋果或奇異的成功，我們還有一項功課要做，那就是分辨在某個情況下，哪些實務適用，哪些不適用。

再來看看傑西潘尼的故事。我們看到強森以賈伯斯對市場研究出了名的厭惡為例證，拒絕測試新訂價策略。許多領導者也差不多，在推出產品之前依靠的是自己的直覺。這些領導者解釋說：「消費者只會要求他們已經熟悉的東西。」因此，他們主張，真正想要創新的人，必須把創意和自信置於大眾意見之上。

如果是為了突破性創新，這個推論就說得通。確實，如果一家公司志在徹底改變消費者行為，質疑市場研究的預測力（至少是最傳統形式的市場研究）就有道理。但令人震驚的是，這個理論經常被當成拒絕測試漸進式創新的理由，例如產品線的延伸，或任何取代現有產品的新產品。每個人都能分辨出發表第一部 iPad 和推出新口味餅乾的差異，但是能夠和一名極端創新者站在同一個陣營更令人難以抗拒。

　　還有一個問題是來自最佳實務的蒐尋。企業會因此偏離可能賦予他們實際優勢的事物，那就是差異化。由於好策略必然與眾不同，模仿競爭者的實務可能永遠無法催生出好策略。

　　更具體來說，大眾籠統稱呼的「最佳實務」，其實包括兩種不同類型。其中一種是營運工具，也就是在許多公司證明有效的方法和措施。在資訊科技、行銷、製造、後勤和其他領域，這些實務可以明顯提升營運績效。但是光有這些實務，無法給你可長可久的策略優勢。原因很簡單：你的競爭者也可以模仿它們。要靠這種方法勝出，是把策略和營運效益混為一談，這是一種常見而危險的錯誤。

　　最佳實務的另一種類型和策略定位有關。如果你研究一名競爭者的策略，並把它稱為「最佳實務」，那麼背後的假設就是，有一項萬用策略可以在你的產業中成功勝出。因此，唯一的成功之道就是要瞄準同樣的顧客區隔，運用同樣的銷售通路，並採用同樣的訂價政策。航空公司、食品零售商和行動電話業者通常都遵循這種模仿策略的模式，結果導致無差異競爭，讓價格成為消費者關注的焦點，摧毀同一個產業的所有業者。無論競爭者的策略對他們再怎麼有效，模仿他人的策略就是死路一條。

　　典範或許有用。至於偶像崇拜就不是那麼一回事。有時候我們需要把最佳實務留給發明它們的人。

賈伯斯很睿智，所以我該模仿他：倖存者偏誤

　　對於我們認為是天才的人，在模仿他們之前，務必要三思，這點尤其重要。這是我們在尋找典範時會犯的第三個錯誤。當我說「賈伯斯是天才」，然後做出「所以我應該模仿他」這個結論時，其實遺漏三段論的第二個前提：「我也是個天才。」比方說，一級方程式現任的冠軍車手當然是駕駛行家，但要是換成你坐在駕駛座，你不會夢想著模仿他的「最佳實務」。你知道只有行家能夠做到！這個例子包含的邏輯謬誤一清二楚，但是當我們談到公認的商業奇才的方法時，我們通常會漏掉這個謬誤。

　　再以公認的投資大師巴菲特為例。巴菲特在長達半個世紀期間都達到卓越的績效，成為全世界排名第三的富翁，2020年的淨資產超過八百億美元。投資人特別會去研究巴菲特的投資策略，因為這些策略看起來簡單，而且他用親民、言簡意賅的表達方式說明這些策略：緊抓住你懂的投資

標的；留意會引發泡沫的一時風潮和流行；如果持有的股票還有增值的潛力，不要猶豫，繼續抱著它們十年、二十年，甚至三十年；不要過度分散投資。波克夏海瑟威公司成千上萬的股東們，一年一度到內布拉斯加州的奧瑪哈市朝聖，聆聽「奧瑪哈神諭」，他們全都盼望能理解巴菲特的投資法則，並且也拿來自己應用。

然而，有堆積如山的證據顯示，以打敗市場為目標是一場必輸之戰。奧瑪哈的朝聖者當中，很難出現一個績效能接近巴菲特的人。確實，巴菲特也警告他們不要嘗試打敗市場：這位智者懷疑理財專員的收費是否合理，他建議散戶應該選擇買指數基金。其他領域和投資一樣，如果天才確實存在，按照定義，天才應該有如鳳毛鱗角。那麼，我們不應該設法模仿天才，因為我們絕對無法達到能和他們平起平坐的成就。

當然，這不是我們想要聽的訊息！我們對模仿天才的熱烈渴望，是因為我們有高估自己能力的傾向所造成的，一如第四章會說明的內容。不管說多少道理，不管有多少統計證據，都無法說服我們相信自己無法出類拔萃。畢竟，要是賈伯斯、威爾許或巴菲特也記取這種警告，他們還會闖出如此不可思議的成就嗎？這些人以及其他許許多多偉大人物的存

在，不就是證明人只要有足夠的天賦和動力，出色的表現也能觸手可及嗎？就像一支深入人心的蘋果廣告說的：「只有瘋狂到認為自己可以改變世界的人，才會真的改變世界。」難道不是嗎？

當然。如果我們要尋找的是靈感，當然可以在這些卓越人物身上找到。但是，如果想要從他們身上尋找可以實踐的經驗，那麼就會犯下推論謬誤。

按照定義，得到世人敬仰的典範人物都是已經成功的人。但是，那些「瘋狂到認為自己可以改變世界的人」當中，絕大多數都功敗垂成。就因為這個理由，我們才從來沒聽過他們。當我們眼中只有贏家時，也會忘記這點。我們只看到倖存者，沒看到所有承擔同樣風險、採取相同行為卻以失敗收場的人。這個邏輯謬誤就是「倖存者偏誤」（survivorship bias）。我們不應該從全部都是倖存者的樣本中導出結論。但我們卻這麼做，因為我們只看得到倖存者。

對典範人物的追尋或許能鼓舞我們，但也會誤導我們走錯路。收斂自己的抱負，向與我們類似的人借鏡，向成就沒那麼耀眼的決策者學習，這些做法對我們有益；但如果是向全世界都急著模仿的幾位偶像學習，那可就不一定了。

進一步想想，我們為什麼不研究最差實務？畢竟大家都

同意從自己的錯誤中學到的事情，比從成功學到的事情更多。研究崩垮的公司所得到的收穫，可能比著眼於成功企業所得到的更多。從它們的錯誤中學習，或許是避免自己重蹈覆轍的好方法。

本章總結：模仿陷阱

- **歸因謬誤**導致我們把成功（或失敗）歸因於單一個人，因此淡化環境和機遇所扮演的角色。
  - ▶ 蘋果專賣店的成功被歸功於隆恩·強森，而不是蘋果的產品上市。

- **光環效應**造成我們根據幾個突出的特質而形成整體的印象。
  - ▶ 賈伯斯的出色成就，讓我們認為他所有的做法都值得模仿。
  - ▶ 我們想要模仿成功企業的做法，即使這些做法和它們的績效無關。
  - ▶ 我們對這些實務做法的質疑不足，因而不了解它們究竟是不是適用於我們。

- **倖存者偏誤**是因為我們只關注成功案例，同時忘記輸家的存在，因而認為冒險是成功的原因。
  - ▶ 那些「瘋狂到認為自己可以改變世界」的人，有時候確實改變世界，但大部分的人都失敗了。

3

直覺陷阱
什麼時候可以相信直覺？

不要盲目相信任何人，連你自己也不例外。

—— 司湯達爾（Stendhal，法國作家，1783-1842）

　　1994年，當時發展蓬勃的獨立企業桂格燕麥（Quaker Qats）打敗好幾家潛在的買家，把茶飲料「斯納普」（Snapple）收歸旗下，收購價格是十七億美元。桂格的執行長威廉・史密斯堡（William Smithburg）確信這件收購案有龐大的綜效，因此認為價格高得合理。十年前，他曾買下開特力（Gatorade），把它變成超級明星品牌；這一次他有信心桂格能運用行銷優勢，在斯納普身上重施故技。

　　這項收購案最後以慘敗收場。三年後，桂格以不到原來收購價五分之一的金額將斯納普轉售出去。這個錯誤讓史密斯堡丟掉執行長寶座，最終也讓桂格失去獨立性（它在2000年由百事可樂收購）。在投資銀行圈，「斯納普」已經成為交易犯下重大策略錯誤的代稱。然而，史密斯堡這位在產業界中經驗最老到、備受尊崇的經理人，當時卻對自己的直覺信心滿滿。

　　無論他們把直覺稱為「內心的聲音」、「商業本能」也好，或是「眼光」也罷，大部分經理人都會斬釘截鐵的說，他們是依靠直覺做策略性決策。矛盾的是，我們這個執迷於追求理性的世界，居然會推崇直覺能力，以及擁有直覺能力的人。關於攻頂成功的征服者，或是坐在樹下的發明者，那些老掉牙的故事講的都是天啟靈感，而不是苦修磨練。我們

讀到成功創業家、傑出執行長或偉大政治領導者的故事，多半是頌揚這些人物的遠見和直覺，遠多於推崇他們的理性或紀律。

在現實世界，我們做決策時，直覺有它的作用，而且通常扮演重要的角色。但是我們必須學會如何駕御直覺、引導直覺。我們需要知道直覺何時是助力，何時反而會讓我們誤入歧途。我們也應該承認，講到策略性決策時，很遺憾的是，直覺是低劣的指南。

直覺的兩種觀點

研究直覺最重要的學者大概要屬心理學家蓋瑞・克萊恩（Gary Klein），他是後來所謂「自然決策」（naturalistic decision-making, NDM）研究傳統的先驅。自然決策研究人員的研究對象，是真實情況下實際存在的專業人士。他們觀察軍隊指揮官、警官、西洋棋大師和新生兒加護病房的護士。這些決策者採用的顯然不是標準的「理性」決策模式。他們沒有時間分析情況、定義可能的選項、根據完善的標準列表比較優點和缺點，最後再挑選最佳行動路徑。那麼，他

們的指引是什麼？一言以蔽之，就是直覺。

　　克萊恩在一本書裡記述一位消防隊長的故事。那位隊長不知怎麼感應到一棟起火的屋子就快要倒塌，在他對下屬下達撤退指示幾秒鐘後，房屋地板果然塌陷了。當他被問到怎麼做出這個卓越的決策時，這位消防隊長無法解釋。他甚至懷疑自己當時可能有某種超能力。

　　事發當時，那位消防隊長的腦中在想什麼？那個挽救許多人命的直覺是打哪裡來的？當然，克萊恩不相信故事主角提出的超自然解釋。說穿了，直覺沒有什麼神奇之處。拿破崙曾經寫道：「在戰場上，靈感通常不過只是記憶。」而今日大部分研究人員也都抱持相同的意見。根據他們的說法，直覺是對記憶中某個經歷迅速做出辨識，即使從那個經歷所學到的課題還沒有在意識中成形。克萊恩稱之為「識別啟動決策模式」（recognition-primed decision model）。

　　消防隊長的故事就是一個完美的例子。他一進入那間房屋，就開始接收客觀訊號。他特別注意到，房間裡的溫度非常高，但卻沒聽到聲音。任何消防員都知道，火災會發出巨大聲響。如果這是一場廚房火災，一如這位隊長原本的預期，他會聽到廚房裡傳來聲響。相反的，如果廚房裡的火勢小到聽不到聲響，威脅就沒有那麼嚴重。他接收到的訊號與

他心中的景象不相符，而接下來發生的事解釋這些矛盾的訊號：這場火災不是廚房的小火，而是在地下室延燒的熊熊大火。火勢很快就吞噬隊長和打火弟兄們腳下的地板。

那位消防隊長的決策來自對已知情況的辨識（或者，更精確的說，是來自對已知情況的無法辨識，因為訊號與他最初的假設有出入）。拜他的經驗所賜，這位隊長偵測到這個不一致。於是，即使沒有意識層次的推理，他也能立刻做出結論，判定這不是一場普通的廚房火災。

許多領域的專業人士之所以能在轉瞬間做出決策，就是因為他們能夠根據經驗立刻辨識微弱的訊號。麥爾坎‧葛拉威爾（Malcom Gladwell）的《決斷2秒間》（*Blink*）專門探討這個主題。它的主要論點如下：如果願意聽從直覺，我們都有能力根據直覺的力量做出高明的決策。

多棒的論點！我們都想要相信直覺的力量。諸如消防員等英雄就是絕佳的典範，遠比更講究方法論、吹毛求疵的經理人還要鼓舞人心。如果這些冒著生命危險的偉大男女信任自己的直覺，我們難道不應該也仰賴自己的直覺嗎？

其實事情多多少少更為複雜，而要理解為什麼，我們要先暫時放下克萊恩和自然決策研究的同僚們。就在他們藉由觀察極端情況來建構理論的時候，有另一個學派把焦點放在

實驗室裡的實驗，也就是認知心理學的傳統支系「捷思法與偏誤」（heuristics and biases）。後者這個不同派別的決策研究，產生南轅北轍的結論。

在1969年一場開創性的實驗裡，丹尼爾・康納曼與同事阿莫斯・特沃斯基（Amos Tversky）這兩位捷思法與偏誤學派的開山祖師，以資歷豐富的統計學家作為研究對象。他們指派給統計學家的任務看起來相當簡單：決定一項研究的最適樣本規模。這是個影響重大的技術面問題：樣本太大，會產生不必要的費用；樣本太小，研究發現可能無法做成結論。當然，統計學家知道應該用哪些公式決定最適樣本規模。但是，身為運用這些公式不下數十次的專家，他們往往會跳過計算，只是根據自己在類似研究的經驗抓個概數。經驗不就是這麼一回事嗎？就像那位消防隊長，我們或許可以預期統計學家得到正確的解答，只是解答速度更快。

只不過，他們的解答並不正確。康納曼和特沃斯基發現，這些經驗豐富的統計學家建議的樣本數非常離譜。他們因為信任自己的判斷，而高估自身經驗的相關性，也高估自己根據經驗概估的能力。他們全憑自信估計。關於直覺，捷思法與偏誤學派的研究人員畫的重點是：對那些過度相信自己直覺、胸有成竹的專家，我們應該有所警覺。

什麼時候可以相信直覺？

　　自然決策觀點，和捷思法與偏誤觀點，這兩種觀點似乎彼此相左，存在著無法調和的差異。然而，雙方出現一個不尋常的對抗性合作（adversarial collaboration）例子，那就是克萊恩與康納曼在2009年決定跳脫他們的理論差異，合力研究直覺在決策中扮演的角色。他們認為，自然決策研究以及捷思法與偏誤研究的關鍵問題，不在於哪一方是對的，而是在「什麼時候」。令人驚訝的是，一旦用這個角度框架問題，這兩位心理學家最後都找到相同的立足點，達成共識。他們共同發表的論文，標題道盡一切：〈殊途同歸〉（A Failure to Disagree）。

　　那麼，我們究竟在什麼時候可以相信直覺？康納曼和克萊恩都同意，必須符合兩項條件。第一，我們必須處於「高效度」（high validity）的環境，也就是同樣原因通常會產生同樣結果的環境。第二，我們必須透過「長期快速而明確的練習和回饋」，才有「充份的學習環境」。換句話說，既然直覺說到底不過是辨識過去歷經的情況，我們應該在這些情況屬於真正可辨識、並且已經真的學到如何正確因應這些情況時，才能信任直覺。

有這些標準之後，再看看不同環境裡對專業價值的研究，我們更能理解那些顯然相互矛盾的研究結果。乍看之下或許令人驚訝，但是消防員或加護病房護士的工作環境，都屬於相對高效度的環境。這並不表示這些環境沒有任何不確定性的風險。這只是表示當情況出現時，環境會有明確的線索。觀察著火的建築物或急診室的病患，可以找到可靠的資訊，判斷很快會發生什麼事。消防員和護士觀察這些事情很多年，也看過火災或緊急狀況之後立刻出現的情況，他們可以從中學到的課題很多，或許比他們意識到的還多。測試飛行員、西洋棋士，甚至會計師也一樣：他們都處在規律的環境，能對大部分（即使不是全部）決策品質提供快速而明確的回饋。學習是可能的。

對照精神科醫生、法官或股市投資人所面對的工作，這些領域的「專家」或許也認為他們能夠相信直覺。但是他們所處的環境不但複雜，而且多半不可預測。即使有任何回饋，也是模稜兩可，又有延遲時間差，因此不可能取得真正的專業。

講到無法培養專業的環境，最極端的例子或許就是預測政治、策略和經濟事件的挑戰。心理學家菲利普・泰特洛克（Philip E. Tetlock）彙總超過二十年間將近三百名政治與經濟

趨勢專家所做的預測，總共得到八萬兩千三百六十一筆預測資料。然後，他逐一評估每一項預測：某位權威專家預測會出現經濟衰退，衰退發生了嗎？某位政治評論家預測選情崩盤，預測成真了嗎？泰特洛克的結論是，專家預測的成效還不如隨機作答來得準確，甚至比被問到同樣問題的業餘人士預測得更差。在這些極度低效度的領域，專家的直覺一文不值。

那麼，更確切的問題就變成：我們的決策究竟屬於哪個類別？在做商業決策時，我們應該仰賴直覺，就像消防員和西洋棋士一樣，還是應該設法把直覺束之高閣，就像精神科醫師和股票交易員一樣？

可惜的是，這個問題沒有一清二楚的法則。我們必須把每項決策逐一與康納曼和克萊恩的架構比對。世界上沒有萬用的直覺這種東西。在某些情況下，直覺有利於管理決策，但是只有在我們遭遇類似狀況的次數足以培養真正的專業時才成立。現實的情況通常不是如此。

例如，該怎麼做召募決策？在挑選候選人時，你的直覺有任何價值嗎？或許有，如果你為同類型職位召募過許多候選人，而且能夠得知召募決策結果的話。一位人力資源主管如果在多年間召募數百個同樣基層職位的人，而且追蹤受雇者後續的工作表現，那麼他可能已經培養出優越的直覺判

斷。但是，這種情況是例外，不是通則。許多面試官都不是
專門從事召募工作的人，而是召募未來同事的主管。即使是
專業人力資源工作者，也不太可能一再為同樣的職位尋才，
因而很難累積出能信任直覺所必備的經驗。更進一步說，很
少有組織會大費周章，系統化的追蹤過去雇用（或不雇用）
決策的品質。

　　在這個背景下，康納曼和克萊恩的條件不成立，因此直
覺是不可靠的指南。人事篩選數十年的實證工作證實這點。
傳統、「非結構式」召募面談（面試官在面談中形成對候選
人整體、直覺的印象），在預測受雇者的成就方面，成效不
佳。在許多案例中，簡單的測試能產生更好的成果。

　　然而，我們對直覺的價值仍然沒有減少信心：我們相信
可以在短暫的面談過程裡評估一名候選人的技能、優點、弱
點、動機，以及與企業文化的適配程度。在應徵工作時，如
果企業沒有經過面試就錄取我們，反而會感到震驚。這就是
為什麼絕大多數的組織繼續依賴非結構式的面談，並且多半
以面試官的直覺作為雇用決策的依據。觀察到這種人事篩選
工具「效度低到令人汗顏」的三位頂尖研究人員，只能把這
種不斷出現的普遍情況描述為「錯覺暫留」。

　　另一個根據直覺做決策的重要例子，是消費品和奢侈品

公司推出新產品的決策。有些經理人為自己在所屬領域中無可取代的專業感到自豪。一如這類型某家企業的總裁所言：「我的腦袋裡有一千個產品的上市案例，可以用來評估一項產品是否配得上我們的品牌。做這個決策，誰能比我厲害？」確實，以這位領導者來說，專業直覺的條件都成立。在一個新產品的成功可以立刻衡量的產業，這位總裁在同一家企業所累積的廣博經驗珍貴無比。如果他對於新產品提案的判斷（包括他的美學判斷）經常是正確的，原因並不是像他說的，因為他有「卓越的品味」。而是因為在一個相對高效度的環境裡打拚數十年，造就他成功的資歷，讓他在過程中磨練出判斷什麼有效（還有什麼無效）的專業直覺。

因此，由那位總裁擔任所有產品上市決策的最後拍板者，完全有道理……不過，等到一位較年輕的經理人接替他之後，就不是這樣了。新來者才智出眾，但是不具備相同的產業經驗。因此，他的直覺相當不可靠。只可惜，他對於自己直覺的信心，和前一任領導者一樣高。

就像這些例子顯示的，問題不在於「召募」或「推出新產品」是否屬於直覺有用的領域；重點在於根據決策者的經驗，他的直覺是否適合做眼前的決策。經驗豐富的經理人往往相信自己的直覺價值連城，而他們通常是對的。但是，只

有最有智慧的人能夠體會何時要聽從直覺，何時不要。

　　例如，有一位交易老手描述他的直覺在談判裡多麼有價值。廣泛的談判經驗讓他能夠「摸出對手的底」、感知到疲態或弱點，準確的察覺他什麼時候應該乘勝追擊，或者什麼時候要戰術性的撤退。儘管在應對談判的人性層面中，他依靠自己的直覺，但是關於交易本身的決策就得小心，不能運用直覺。應該出價競標這項資產嗎？最高價是多少？必須滿足的必要條件是什麼？要回答這些問題，不應該靠直覺。即使是一個已經斡旋過數十件交易的人，要判斷成功或失敗因素也不是容易的事。專業直覺的條件並不成立。交易談判能受惠於直覺，但是決定哪一件交易就不能依靠直覺。

　　說到這裡，我們要回頭看看史密斯堡和斯納普收購案。史密斯堡的直覺是根據單一經驗而來，也就是開特力的收購案和後續的成功。這件收購案很難不讓人把它視為容易複製的成功案例。但是，直覺讓人忽略外部觀察者從分析中看到的事情：和桂格收購開特力時的情況不同，斯納普已經開始流失市占率。斯納普的配銷模式與桂格大相逕庭，難以與桂格整合。它的茶飲料生產方法也與桂格知道的方法不同。斯納普的品牌路線是自然、有點另類的產品，這是像桂格這樣的公司難以維持的定位。在外部觀察者的眼中，這些與開特

力的差異都十分顯著。但是深信自己直覺的史密斯堡只看到相似點。

直覺：策略性決策的不良指引

這個故事的寓意遠超越史密斯堡的案例本身。我們來重溫一下康納曼和克萊恩用來判別決策者的直覺是否具有相關性的條件：在高效度環境裡有清楚回饋的長期練習。在史密斯堡決定收購斯納普時，這些條件成立嗎？還有，一般來說，在做任何策略性決策的當下，這些條件會成立嗎？

策略性決策的一個關鍵特質就是它們相對罕見。因此，一個面臨策略性決策的經理人，過去曾做過許多同類型決策的機會微乎其微。當你展開翻天覆地的組織改造、推出突破性的創新，或是嘗試一項會改變公司發展路線的收購案時，這些通常是你過去沒有做過的事。有時候，就像史密斯堡決定收購開特力的例子，你就只做過那麼一次，因此很容易高估有限經驗的重要性。

策略性決策的另一個基本特質，就是以塑造企業整體的長期發展軌跡為目標。因此，策略性決策的效應難以解讀。

你所看到的結果不單是策略性決策的成效，它們還結合無數其他效應，如經濟衰退或繁榮、新市場趨勢、未預見的競爭路數、環境變動等等。除了一些無庸置疑的成功或荒腔走板的錯誤，你過去所做的策略性決策，鮮少有明確而迅速的回饋。換句話說，即使你有策略性決策的經驗，這項經驗也無法讓你得到真正的學習。

如果用康納曼和克萊恩的架構來評量，真正的策略性決策不但是不適用的案例，甚至恰好是反例。策略性決策處於低效度環境，決策者的實作經驗有限，收到的回饋延遲而不明確。如果要為無法培養專家直覺的情況找個標準案例，沒有比策略性決策更好的例子。

然而，大部分經理人在做策略性決策時，都相信他們「內心的聲音」。對我們許多人來說，尤其是如果過去曾經成功的人，主觀信念的強度就是我們的定海神針：「如果心中有疑慮，我會按兵不動，但如果有萬分的把握，我就勇往直前。」

我們這麼做，是忘記那些因直覺而誤入歧途的執行長、統計學家和交易員也曾對自己的直覺信心滿滿，還有，一般人普遍來說，對於自己的判斷幾乎一定會過度自信。這將是下一章的主題。

本章總結：直覺陷阱

- **自然決策法**強調直覺在真實、通常屬於極端情況下的價值。
  ▶ 消防員能夠「感覺」到一間失火的房屋即將倒塌。

- 相反的，**捷思法與偏誤**的研究人員是在實驗室裡研究決策，普遍的結論是「直覺會誤導我們踏入歧途」。
  ▶ 政治預測人員的「專業」並沒有產生更好的預測。

- 康納曼和克萊恩合作化解他們的歧異，指出能夠發展出實際的專業能力的**兩個必要條件：高效度（可預測）環境**，以及**在回饋迅速而明確的情況下進行長期練習**。
  ▶ 因此，消防員、飛行員或西洋棋士可以培養專家直覺。
  ▶ 但是精神科醫師、法官或交易員則否。

- **「我應該信任我的直覺嗎？」**這個問題**視個別決策而定**。答案取決於前述兩個條件是否成立，而不是我們對自己的直覺多麼有信心。
  ▶ 史密斯堡相信他對斯納普的直覺是對的。

- 一般來說，**決策的策略性質愈強，直覺就愈沒有幫助**：策略性決策不但罕見，而且處於低效度環境，回饋也模糊不清。

4

過度自信陷阱
做就對了，還要考慮什麼？

我們對鐵達尼號寄予絕對的信心。

我們相信，這是一艘不會沉沒的船。

——菲利浦・富蘭克林（Philip A. S. Franklin），

白星航運（White Star Line）母公司國際商業海洋公司

（International Mercantile Marine Co.）副總

　　2000年代初期，美國的租片業市場是一個獲利龐大的產業。這個產業包含各式各樣的業者，從家庭自營的街角小店到區域連鎖店都有。其中，有一家超級重量級的業者：百視達（Blockbuster），這個連鎖品牌在約翰・安提歐科（John Antioco）的領導下，擁有九千一百家商店，年營收大約三十億美元。

　　同時，有一家成立於1997年、羽翼漸豐的新創公司，也開始以一種截然不同的商業模式加入競爭。這家公司的顧客只需要每月繳交一筆金額固定的訂閱費，到該公司的網站上建立DVD「租借排序清單」，公司就會把DVD免費郵寄到他們的信箱。等到顧客把看過的DVD寄回去，就會自動收到排序清單中的下一部影片。這不是什麼高科技的營運模式，但是滿足了顧客的需求：在集中管理的影片庫中，影片比較不常有租罄的情況發生，也可以提供比較符合個人偏好的租片建議。最重要的是，租片店對於延遲還片的顧客有嚴格的罰則，但月費模式就像吃到飽的電話月租方案，不會有意料之外的收費項目。2000年初，這家新創公司有三十萬簽約訂閱戶。它的名字是：網飛（Netflix）。

　　那年春天，網路泡沫破滅之際，網飛還沒有開始獲利，急需資金挹注。網飛執行長里德・哈斯廷斯（Reed

Hastings）以及與他關係緊密的同事一起拜訪百視達，向安提歐科提出一項簡單明瞭的提案：百視達買下網飛49%的股權，以Blockbuster.com這個品牌名稱把網飛納入網路事業部門。百視達門市也可以銷售網飛的月費訂閱服務。這將會打造出一家無縫接軌的「虛實整合」企業，而這正是今天許多零售業者還在努力實現的境界。哈斯廷斯給網飛貼的標價是五千萬美元。

　　安提歐科和他的團隊做何反應？「他們只是一笑置之，把我們請出辦公室。」網飛的領導者後來追憶道。在安提歐科眼中，網飛根本不是威脅。沒錯，這家新創事業已經在網路上開發出小規模的客戶群，但是遠在寬頻變成標準設施之前的撥接上網時期，串流電影仍是大部分人想像不到的概念。此外，安提歐科或許也曾經撥過算盤，要是百視達真的想要模仿網飛的月費訂閱模式，全部自己來應該也不會遇到什麼障礙。

　　這個故事的結局，我們都知道了。網飛在2002年達成一百萬訂閱戶（在它上市的那一年），到了2006年，訂閱戶數達到五百六十萬，而且營運方式還是維持原來的低科技、郵寄租借模式。後來因為串流服務興起，為它帶來一波關鍵的爆炸性成長。2020年初，網飛的訂閱戶數為

一億六千七百萬，市值超過一千五百億美元，是上市時的好幾百倍（如果當初安提歐科同意收購的話，這是他付出價格的三千倍）。

　　至於百視達，它確實曾在2004年嘗試啟動自家的訂閱服務。只是規模太小，時間太晚。這家公司在2010年聲請破產。大衛征服了哥利亞。*

　　要批判很容易，我們可以說安提歐科缺乏遠見，或是百視達無力改變商業模式。但是，百視達不是唯一一家讓新創事業顛覆現有產業並威脅其生存的企業。哥利亞為什麼會如此嚴重高估自己的力量，同時低估大衛的能耐？若非如此，或許他會接受對方提出的交易。起碼，他或許會善用寬頻網路還沒有普及的這段期間就進軍這個領域。沒錯，即使他那麼做了，也不保證百視達能夠在科技變革的動盪亂局裡維持領導地位。但是，這個故事鐵定會不一樣。

---

* 編注：出自《聖經》裡年輕牧羊人大衛打敗巨人哥利亞的故事。

過度自信

　　還記得在第一章讀到石油探測機的故事時，你的感想是什麼？大部分人聽到百視達與網飛的故事，一開始的反應大概與聽到第一章的故事時類似。「百視達的領導者思慮不清，」我們鄭重其事的宣稱：「要是換成我們，絕對不會犯這樣的錯。」

　　我們有理由相信，這種反應反映的是自己的過度自信，諷刺的是，這正好是安提歐科低估哈斯廷斯時所犯的錯。*

　　一般而言，我們會認為自己比別人高明很多〔這種過度自信有時候稱為自視過高（overplacement）〕。簡單來說，講到各式各樣的重要特質時，我們都相信自己比大部分人優秀。

　　例如，88%的美國人相信自己開車比一半的同儕駕駛人更安全（甚至有60%的人宣稱自己是前20%的頂尖駕駛人）。無獨有偶，大約有95%的MBA學生相信，自己在班上的排名落在前50%（即使他們會定期得知成績，可以比較自己和同班同學的表現）。教授也無法倖免於同樣的偏誤：

---

* 這個反應也顯示，我們會根據只有在事後才能知道的資訊，來評判過去的決策，這個傾向稱為「後見之明偏誤」。我們會在第六章討論。

有個頑皮的研究人員發現，當他問同事是否認為自己在教授群裡排名前50%，有94%的教授都確信自己是。如果你問自己，你的工作表現和大部分同事比起來是優或劣，你八成會認為自己高於中位數。看看這些數字，再看看大部分人認為自己會是比百視達的領導者更優秀的策略家，就沒什麼好驚訝的。

樂觀預測與計畫謬誤

除了對自身的能力過度自信，我們通常也會對未來過度自信。這種過度樂觀有幾種表現方式。

第一種是最簡單的形式：對於不在我們掌控中的未來事件，我們理論上的「客觀」預測通常錯得離譜。經濟預測就是典型的例子：有一項涵蓋三十三個國家的研究顯示，官方預算機構發布的經濟成長預測通常都過於樂觀，而中期預測（三年）又比短期預測更加過度樂觀。

第二種稱為「計畫謬誤」（planning fallacy），特別是我們對完成一項計畫所需時間和預算的估計值。曾經裝修過廚房的人都知道這個問題；若是換成規模更龐大的工事，問

題可能會變得極為嚴重。例如，雪梨歌劇院在1958年開始興建，原本預計造價七百萬澳元。結果，這項工程花費約一億兩百萬澳元，而且耗時十六年。這還不是唯一的特例，同樣的事可多了。洛杉磯令人嘆為觀止的蓋帝中心（Getty Center）在1998年開幕啟用，比原來的計畫晚了十年，而且耗費十三億美元，將近最初預算的四倍。法國弗拉芒維爾（Flamanville）的新一代核電廠本來應該在2012年完成，造價預算為三十五億歐元；但是到了2019年，它的啟用時間延至2023年，成本追加到一百二十四億歐元。另外兩個預期要試驗核能科技的地方，也遭遇類似或更糟的延遲或超支：一是在芬蘭的奧基洛托（Olkiluoto）；另一個是在英國的欣克利角（Hinkley Point）。一項涵蓋兩百五十八項交通運輸基礎設施計畫（鐵路、隧道、橋梁）的全球研究顯示，這些計畫有86%都超過最初的預算。當然，航太與國防計畫更是以天文數字般的超時、超支而惡名昭彰：F-35聯合攻擊戰鬥機計畫追加的成本就算沒有數千億美元、也有數百億美元，之後的進度才回歸正常。

　　看到這些例子，你或許不會訝異。事實上，對於公共注資計畫的成本失控，我們已經司空見慣。即便我們不是固執己見的酸民，心裡也都有譜：投標的公司為了得標而誇大承

諾，並（合理的）預期他們之後能夠重新協商。同時，買方必須說服己方的利害關係人簽名同意，因此也傾向把成本和風險壓到最低。牛津大學研究人員班特・弗萊夫傑（Bent Flyvbjerg）彙整超大型工程大部分的統計資料，證實這種「權謀因素」是問題的一部分：「低估的理由並不是出於錯誤，而是由於策略性的不實陳述，也就是說謊。」

　　然而，計畫謬誤導致計畫的倡議者低估時程和成本，並不是公共注資計畫才會發生的事。完全由私人注資的計畫也會出現延遲和超支。即使是個人也難以從計畫謬誤中倖免：要完成報告的學生，或是答應在某個期限前交稿的作者，幾乎總是低估一項工作要花多長的時間。

　　這表示計畫謬誤除了「策略因素」或「權謀因素」之外，還有許多原因。我們在做計畫時，不見得想像得到導致計畫失敗的所有原因。我們忽視成功需要許多有利條件的調和，然而一個小差錯就能造成全盤皆輸。最重要的是，我們是從「內部視角」關注計畫；也就是說，我們沒有把過去所有類似的計畫都納入考量，自問這些計畫的預估進度和預算如何，以及是否歷經過延遲和超支。我們會在第十五章回頭討論運用「外部觀點」化解計畫謬誤的技巧。

過度精確

　　第三種過度自信與之前提到的兩種大不相同：無論預測是否樂觀，我們的表達都過於精確。即使是悲觀的預測，我們可能還是高估自己預測未來的能力。

　　當然，任何預測都有不確定性。這就是為什麼光有預測是不夠的：我們還必須有信賴水準（level of confidence）的觀念，並把它納入預測裡。這在進行量化預測時尤其重要。原則上，運用「信賴區間」（confidence interval）是個好做法：比方說，如果希望我們的預測有90%的信心，就不會只訂立一個預測點，而是訂出一個預測範圍，表示我們可以90%肯定，真正的結果會落在這個範圍裡。

　　這正是在經典的「過度精確測試」中，要求受測者所做的預測。這項測試是由馬克・艾爾伯特（Marc Alpert）與霍華・瑞法（Howard Raiffa）設計，因愛德華・魯索（J. Edward Russo）和保羅・休梅克（Paul Schoemaker）而廣為流傳。受測者要回答十個常識題。如果受測者是經理人，問題可能和他們的專業領域有關；至於大眾版的測試，則要求受測者估計尼羅河的長度、莫札特的出生年，或是非洲象的妊娠期。作答者在回答每一題時，答案都必須是一個區間，

區間範圍要足以讓他們「90%肯定」能涵蓋正確答案。例如，你可以「90%肯定」莫札特出生於1700至1750年間。

如果這是你的答案，那麼你答錯了（莫札特出生於1756年）。不過，錯的人不只你一個。幾乎所有參加測試的人，設定的信賴區間都太窄；魯索和休梅克邀集的兩千多名受試者當中，高達99%的人都是如此。如果我們真的善於判斷自己估計的精準度，十題當中應該會答對九題，最差也有八題。*但是平均而言，受測者只答對三到六題，題數因測驗版本不同而異。簡單來說，我們說90%確定的事，其中至少有一半是錯的。

值得一提的是，這個實驗並沒有設定任何限制，它並沒有禁止作答者選擇非常寬的區間。如果作答者回答莫札特出生於1600至1850年間（這個答案，我們可以90%肯定是對的，甚至可以有更高的信賴水準），也不會有罰則。然而，在真實情境裡，提出這種估計的預測者會立刻失去信譽。企業或許會承認，經營環境充滿未知數與劇烈波動，但是很少有企業會獎勵承認自身預測有不確定性的經理人。因此，大部分經理人還是繼續以一副未來完全可以預測的姿態表達預

---

* 如果一個人回答十個題目，而每個答案都有90%的信賴區間，那麼至少答對八題的機率是94%。

測。在他們發布營收成長或季盈餘預測時，大家也都期待經理人信心滿滿的給出具體的預測。凡是想要讓自己看起來稱職的經理人，有哪一個不是犯了過度精確的錯呢？

低估或忽視競爭者

我們對自身能力的過度自信，我們對自己預測的浮誇信心，還有表現出自信的組織壓力，都造成另一個普遍的問題：低估我們的競爭者。說「低估」其實還算客氣，因為我們通常直接忽視對手，完全沒有把他們的行為和反應納入考量。

如果你現在是公司的高階領導者，或曾是這樣的人，試試以下這個快速評量：你一定收過或提過很多計畫，例如行銷計畫、銷售計畫、策略計畫等等。這些計畫有多少比例會預測某些績效表現數字（顧客數量、市占率或其他）？想必大部分都有。其中又有多少計畫會預測競爭者對這項預期表現的反應？恐怕一份也沒有。當然，大部分的計畫都會評估競爭，但是通常只把競爭當成事件的脈絡，是行動計畫提案的背景。在策略計畫的內容中，檢視競爭者的部份通常稱作

「競爭場景」（competitive landscape）。一如這個名詞所暗示的，策略計畫把競爭者當成布景道具，只會坐等敵手侵略，不做任何抵抗。我們什麼時候看過會反擊的布景道具？

我們順勢忘掉的一項簡單事實就是，在提出以打敗競爭者為目標的計畫時，那些競爭者也正在針對我們研擬同樣的作戰計畫。他們也一樣不會停下來思考，我們也會捍衛自己的市占率。加州大學洛杉磯分校教授、《好策略・壞策略》（*Good Strategy/BadStrategy*）作者理察・魯梅特（Richard Rumelt）就指出，我們完全可以預測到，經理人在思考策略問題時，不會想到競爭者。「在策略練習中，敏銳的參與者學到最多的課題是考慮競爭，即使沒有人事先告訴你要這麼做。」

如果把這些現象全部推給決策者的過度自信，這個說法也太誇張了。有許多因素會造成我們忽視競爭者。首先，當你提出一項計畫，真正的首要目標並不是打敗競爭者，而是保障自己在組織內部的資源。如果有人畫大餅，提出不可能實現的承諾，你為什麼不也依樣畫葫蘆？第二，競爭者的反應難以預測，預測也會產生不確定的結果。花心力做預測真的值得嗎？此外，如果你真的研究競爭者可能的反應，或許會得出沒有人想聽的結論：這是個爛計畫，原因不外乎你沒

有勝過競爭者的優勢，或是競爭者可能的反應會讓你的計畫失敗！

　　就以寶僑家品（Procter & Gamble）前執行長艾倫·喬治·雷富禮（Alan George Lafley）談這家公司進軍漂白水市場的故事為例。寶僑家品的推論很簡單：只要挾著它在行銷和銷售的強勁實力，為「衛白」（Vibrant）這項優良產品撐腰，就能從漂白水類產品公認的市場龍頭高樂氏（Clorox）手中輕易的搶下一塊餅。當然，寶僑家品的經理人也曾猜測高樂氏會做何反應。不過，等到他們真正發現高樂氏如何反擊時，還是大吃一驚：在他們選擇用來測試市場的城市，高樂氏挨家挨戶宅配一加侖的免費漂白水！這記先發制人的出擊顯然成本高昂，但是如果站在高樂氏的立場想一想，倒也在預期之中。對高樂氏來說，讓寶僑家品插足他們的地盤，入侵他們大半獲利來源的核心業務，這件事想都別想。高樂氏不計成本向寶僑家品傳達一清二楚的訊息。寶僑家品很快就放棄這個構想，而雷富禮也學到難忘的一課：「對圍寨之城展開像第一次世界大戰般的正面攻擊，通常會造成許多傷亡。」

蹩腳的決策者，卻是卓越的領導者？

　　最後這個例子凸顯出過度自信對經理人造成的實務問題。原則上，天天都有產品是根據過度樂觀的計畫上市。如果我們對環境、競爭和可能威脅計畫成敗的無數變項採取冷靜的真實觀點，我們會決定什麼都不做，或做得很少。這當然是所有策略裡最糟糕的選擇。這種讓許多企業跛腳的「分析癱瘓」（paralysis by analysis）所造成的損害，當然比樂觀主義造成的損害還大。樂觀主義至少能讓我們採取行動，即使後續可能需要因此改變路線。

　　所以，我們就把話說白了：沒錯，樂觀主義有其價值，甚至是必要的！這就是為什麼組織要刻意而無愧的鼓勵樂觀主義。在大部分管理的情境裡，我們都夾在抱負與現實、目標與預測、願望和信念之間，在刻意打迷糊仗的狀態裡運作。

　　這種混淆狀態最清楚的例子就是年度預算制定會議。預算是做事的工具，也是預測的練習。經理人想要達成你指示的目標，而如果你信任他，你就相信他會達成。預測與目標之間的張力是這項練習的重頭戲。理論上，這個過程能容許雙方協商出一個各自都認為實際的數字。經理人的目標就是

你的預測。

　　當兩者的衝突升高，問題就會出現，遺憾的是，問題經常出現。比方說，假設你認為這位經理人的目標似乎打了折扣，你會說什麼？你會告訴他，你相信這個目標還是切合實際，而且仍然符合你的預測嗎？或者你會要求他達成你的預測，把它當成你期待他達成的目標，而不見得相信它切合實際？你可能不願意回答這個問題。不管真不真誠，在預測和目標、信念和願望之間保持模糊空間，以維持部屬的動力，這樣對你最為有利。冷靜、務實的分析可能會判定最初的目標絕對遙不可及：或許這確實是理性的判斷，但通常是不利於生產力的判斷。

　　信念和願望之間的分野何在？經驗豐富的領導者都不會直接回答這個問題。對於一位高績效領導者來說，扮演樂觀的計畫者可能非常有用。

達爾文式樂觀主義

　　樂觀主義之所以不利於決策、但有益於領導者，還有一個原因：領導者都是樂觀主義者。首先，這是因為我們重視

樂觀這個特質：樂觀、企圖心和膽大無畏都是會和激勵人心的領導者聯想在一起的特質。但是，還有一個沒那麼明顯的原因：當以結果作為評量成功的指標時，受惠的是樂觀主義者。

我們為什麼會受制於認知偏誤？我們為什麼會在推理時犯下系統化的錯誤，像是由過度自信和樂觀引發的那些錯誤？具體來說，為什麼這些偏誤會在演化的篩選過程中保留下來？如果由認知偏誤產生的系統化錯誤不利於我們的適應和生存，天擇機制應該會淘汰懷有偏誤的個人，讓偏誤變得更罕見。然而，偏誤是普世的人性。這表示，對我們遠古的祖先來說，這些偏誤（更確切的說，是偶爾會陰溝裡翻船的那些捷思法）並不是缺陷，而是資產。我們不難想像，天擇有利於樂觀者、開創者和冒險者，勝於畏縮者、保守者和謹慎者。

無可避免的，樂觀偏誤也會通過組織裡的篩選過程。領導者是在某種精英領導體制裡脫穎而出的人，而這套篩選體制就像達爾文演化論對樂觀偏誤的天擇過程。志向高遠的領導者會想要取得明顯、甚至是豐碩的成果，說起來相當合乎邏輯。而無論是在企業、政黨或是實驗室，什麼是獲致這種成果的最佳途徑？冒險，當然還要再加上好運！安於一般、

可接受成果的戒慎恐懼者，或許可以享有長期、受人敬重的職涯。後者不可或缺，但很少發光發亮。相反的，冒險犯難者通常會粉身碎骨、燃燒殆盡，但是其中有少數幾個會站上巔峰。

重點就是，領導者是成功的樂觀者，而不是戒慎恐懼者（或倒楣者）。而且愈樂觀愈成功！那麼，當這些樂觀者一旦站上頂峰，要是他們經常過度相信自己的能力、自己直覺的價值或是自己預測的品質，那我們應該也沒有什麼好大驚小怪的。畢竟，他們的成就是如此的非凡……目前為止都是。

什麼時候應該樂觀？

既然我們有樂觀的內在需求，尤其位居領導者時特別需要樂觀，那麼我們怎麼知道有成效的樂觀與過度自信的界線何在？一個膽大無畏的樂觀領導者，和一個戴著玫瑰色鏡片的愚夫，兩者的差異何在？

這個問題沒有簡單明確的答案，但是有一條實用的準則。借用羅森維格一個簡單但重要的區別：必須分辨我們能

夠影響的未來,以及不能影響的未來的面向。在能夠影響的
未來面向,我們是在創造未來;在不能影響的未來面向,我
們只是在預測未來。在前者,樂觀不可或缺。在後者,樂觀
可能是死路一條。

在此以新產品的上市為例。對於新品上市計畫中可以影
響的層面保持樂觀,這是健康的態度,這些層面包括必須遵
守的生產成本,以及相對於市場平均值為自己定位的價格
點,甚至是我們訂定的市場占有率目標。我們刻意抱持樂觀
而設定這類目標,是在實踐一項管理行動:界定我們的企圖
心,鼓勵團隊盡力而為。

反過來說,如果我們對於自己無法控制的因素抱持樂
觀,無論有意識與否,那會是另外一個完全不同的問題。在
討論市場規模、競爭者的反應,還有市場價格、原物料成
本、匯率的變動,以及無數無法控制的變項時,我們必須盡
可能中性的去預測未來。對於我們無法管理的事物保持樂
觀,是不折不扣的自我欺騙。

難就難在問題的性質不會總是如此清楚分明。例如,在
新品上市、銷售預測出爐時,規畫者不一定會明白區分可控
制和不可控制的條件。通常,他們會對整體目標在管理上表
示樂觀。

　　那就是為什麼頭腦清楚的領導者，往往會在不知不覺的
情況下，對於自己無法控制的事擁護過度樂觀的計畫。這是
自古以來的獨裁者都會犯的錯，因為他們太相信自己的宣傳
而終被推翻。

本章總結：過度自信陷阱

過度自信有許多形式：

- 我們會**高估自己**（相對於他人的狀態或自己的絕對狀態）。
  - ▶ 88%的駕駛人認為自己（在安全駕駛的排名中）排在前50%。

- 我們對於自己的計畫過於樂觀（**計畫謬誤**）。
  - ▶ 86%的大型計畫都超時和超支。
  - ▶ 激勵失當不是唯一的原因：我們對於私人、個人的計畫也過度樂觀。

- 我們對於自己的預測精準度過分有信心（**過度精確**）。
  - ▶ 我們「90%肯定」的事，其實至少有50%是錯的。

- 我們會低估競爭者……
  - ▶ 網飛說，百視達「只是一笑置之，把我們請出他們的辦公室」。

- ……甚至有時候完全忘記預期競爭者的反應。
  - ▶ 寶僑家品沒有料想到高樂氏理所當然會有的反應。

- 就像演化，企業也有利於樂觀者出線，因為**樂觀是成功的基本條件**：領導者是成功的樂觀主義者。

- 在我們開始**相信自己的宣傳之前，樂觀是有用的**：對於我們能夠控制的事物保持樂觀，這是健康的態度，但對於我們無法控制的事物樂觀，就不是健康的態度。

5
慣性陷阱
何必破壞現狀？

如果我們想要事情保持不變，那麼事情一定會變。

你不懂嗎？

——蘭佩杜薩（Giuseppe di Lampedusa），

《豹》（*The Leopard*）

　　1996年，拍立得相機的發明者及製造商寶麗來（Polaroid）是攝影器材的領導者，以精湛的技術、行銷技巧與市場的主導地位備受推崇。在前一年，它的營收是二十三億美元。股市對新到任的執行長蓋瑞‧迪卡米洛（Gary DiCamillo）以及他的新策略計畫也展現信心。自他走馬上任，股價上漲將近50%。四年後，寶麗來聲請破產。

　　這個故事看起來就像是又一則「數位顛覆致死」的案例。但是寶麗來和百視達的故事有顯著的差異。迪卡米洛或是他的前任者都沒有低估數位攝影的重要性。早在1990年，長期擔任寶麗來執行長、幾乎全部職涯都投注在這家公司的以斯列‧麥克阿里斯特‧布思（Israel MacAllister Booth）就告訴股東：「我們想要乘著電子影像這股強而有力的新興趨勢，成為重要角色。」1996年，寶麗來的數位事業營收超過一億美元，而且成長迅速。旗艦款數位相機PDC-2000公認是該類型商品中最頂級的產品。迪卡米洛完全明白這場科技革命的重要性。他的策略計畫所涵蓋的三大主題當中，數位策略排在首位。寶麗來的沉船不是因為船長沒有看到冰山。它的沉沒是因為船要轉向太難。

　　這是一個普遍的問題：領導者下達決策，但是組織並未絕對使命必達。企業面對顛覆市場的力量時，變革速度比高

層的指示遠遠緩慢得多。企業員工努力的重點，以及企業財務資源的分配，都無法如實反映老闆陳述的策略。這種慣性的根源綜合了認知偏誤和組織因素，有時候相當致命，就像寶麗來的故事。

在戰場上調兵遣將

公司的資源分配沒有如實反映領導者的意念，這個觀念需要解釋一下。畢竟，企業也像政府和國家一樣，有優先事項、策略規畫、預算和其他理應有助於船長領航的工具。理論上，公司會先設定策略目標，然後分配達成目標所需要的財務和人力資源。這些流程會消耗相當多的時間和心力，只要是曾經在大公司準備計畫和預算的人都能證實這點。

但是，這些程序能幫助公司在每年都做出不一樣的資源分配嗎？幾乎完全沒有。每年進行的馬拉松式預算會議一開就是好幾週，但是會議結束之後，大部分企業的資源分配還是和前一年幾乎一模一樣，無論環境有何變化。

這個驚人的結論，是麥肯錫研究多角化企業內部資源分配的重大發現。麥肯錫的顧問群研究一千六百家多角化美國

企業在十五年間的年報。他們要探究的只有一個簡單的問題：這些多角化企業在各事業單位間的資源分配比重如何？他們發現，某個事業單位在某年度得到的資本金額，如果以在總企業資本支出的占比來衡量，幾乎可以完全用前一年的數字進行預測。這兩個數字的相關度為92%，納入研究的企業中，有三分之一甚至高達99%。負責訂定預算的經理人與其在馬拉松預算會議裡煎熬，或許還不如去打高爾夫球：結果恐怕大同小異。他們在重新分配資源時，無論有多麼勤奮和真誠，都會撞上一堵慣性的牆。

　　這並不表示新財政年度的預算數字是從前一年度複製、貼上而成。預算在有些年度增加；有些年度則減少。但是，這些增減並沒有改變分配的一般模式。比方說，如果經營狀況需要降低整體的資本支出，所有事業單位通常會按同樣的比例削減支出。有時候，最高管理者會指定策略的優先事項，予以特別處理，因而逃過一般的慣性。但是，那是例外，並非通則。最後的結果就是高層管理者陳述的策略優先事項與財務資源的實際分配脫節。企業就是沒有把錢花在他們的策略上。

多變的海相，打盹的船長

　　或許有人會忍不住為資源分配的缺失找理由。收購和多角化經營、掌握趨勢、追求機會：這些是財務投資組合經理人的工作職責，而不是企業裡的策略人員負責的，不是嗎？一項橫跨多年的企業策略如果要成功，就必須貫徹執行並堅持不懈，而資源分配的一致性，難道不是反映這些必要條件？

　　這個反駁多少有點矛盾。年復一年的過去，這些公司都沒有重新分配資源，但這些公司的領導者在致股東信裡卻說，經營環境變得多麼動盪與充滿不確定性，而如何迅速抓緊新機會又是如何重要〔換個時髦字眼來說，就是「敏捷」（agile）〕。這和有如刻進石板般萬年不改的資源分配幾乎完全不符。當然，每一年的預算都不可能是從一張白紙開始。但是當企業連續十五年來每一年的預算都和前一年有90%的相似度時，哪有什麼敏捷可言呢。

　　此外，「敏捷」是否帶來成功的報酬，這個問題已經過實證研究得出明確的結論：答案是肯定的。麥肯錫的研究者根據企業每年的資本重新分配程度取樣，把這些企業分為三個群組。可想而知，「高度重分配組」的經營績效高於「低

度重分配組」。在十五年期間，高度重分配組企業的股東總
報酬高出30%。這些企業也較少破產或被收購。研究結果也
發現，低度重分配組企業的領導者任期不穩定。他們是在舵
輪前睡著的船長。

錨定效應

　　就像過度自信陷阱，慣性陷阱的一項根源也是認知偏
誤，而且影響也會因為組織動力而擴大。資源分配慣性背後
的主要偏誤是錨定效應：在我們必須估計或設定數值時，往
往會用一個現成的數值作為「定錨」，然後據此調整，但調
整幅度不夠。

　　令人意想不到的是，即使定錨的數值與要估計的數值完
全沒有關係，甚至明顯很荒謬時，錨定效應仍然會對我們產
生影響。湯瑪士・慕斯維勒（Thomas Mussweiler）與弗利
茲・史特雷克（Fritz Strack）這兩位德國研究人員，繼康納
曼和特沃斯基在1970年代所做的開創性實驗之後，以出色
的創意證明這項效應。他們在一項實驗裡把參與者分為兩
組，問其中一組：甘地過世時的年紀是在一百四十歲以下或

以上，問另外一組：甘地過世時的年紀是在九歲以下或以上。顯然，沒有人會覺得這些問題很難回答。但是，接下來的問題是請參與者估計甘地死去時的年齡，而就在這個時候，前一題裡那些一看就知道很荒謬的「定錨」卻影響參與者的作答：平均而言，以140歲為定錨的那組認為甘地死於67歲，然而以9歲為定錨的那組相信甘地只活到50歲。（其實，甘地享年78歲。）

就像許多認知偏誤實驗一樣，這個論述一開始通常會引起防衛反應。你可能會問，我怎麼會掉入這麼粗糙的陷阱，尤其如果事關重要決策或是我了解的主題？這種操縱不是只有在當事人對答案完全一無所知、也完全不在乎時才有可能奏效嗎？

為了化解這些反對的聲音，研究人員又設計其他的實驗。這一次，他們是到真實的專業人士情境裡找實驗的「白老鼠」。其中一個情境與法官有關。法官的決策理應不該草率。實驗人員把一份關於一個順手牽羊案件的詳細檔案交給一個有經驗的法官小組，問他們會判這名竊賊多久的刑期。不過，檔案裡缺少一項重要資訊：起訴的檢查官求處的刑期。實驗人員要求法官自己擲兩顆骰子，記下擲出的點數，把這個當成檢察官求處的刑期月數。在他們看來，用這個方

式產生的數字無疑是隨機的結果。實驗人員也告訴法官，之所以用這個方式來決定數字，是為了確保這個數字不會影響判刑決定。然而，他們確實受到影響：擲出三點的法官判決的刑期平均是五個月，而擲出九點的法官判決的刑期平均是八個月！*

這些（以及許多其他）實驗的課題很清楚。無論多麼努力不受接觸到的數字影響，我們仍然受制於錨定效應。即使定錨數字顯然和問題無關，還是會影響我們的判斷。

如果任意、無關的數字都能夠如此輕易的誤導我們，又怎麼能期待與相關數字保持安全距離？例如，在檢討預算時，面對前一年預算裡滿滿都是自己曾經同意的數字，怎麼會不受到它的強烈影響？一旦我們理解定錨的力量，企業的資源分配慣性也就沒有什麼神祕之處。反倒是沒有慣性才讓人訝異。

---

* 為了讓實驗結果容易解讀，實驗裡所用的是做過手腳的骰子，因此所有法官擲出的點數不是三就是九。

資源慣性

　　錨定效應會因為人性和任何有經驗的經理人都能夠辨識的組織動力而擴大。擬訂策略計畫或編製預算會牽涉到組織內部各方不斷的協商。在任何協商裡，定錨都是重要事項：作為起點的數字就是定錨。在預算討論中，這些起點通常是已知而且具有高度能見度的資料。去年行銷預算為一百萬的事業單位主管，今年或許會要求一百一十萬，但很少會要求兩百萬。心裡放著同一個定錨數字的你，或許會要求對方接受九十萬的數字，但你不會建議只給四十萬。定錨隱然構成協商的界域。

　　歷史定錨的重要性會因為另一種社會壓力而增加。主管的個人聲望來自是否有能力維持或增加財務資源，以保衛自己的單位或部門。他們在同儕和部屬心目中的尊榮地位取決於此。這些同儕和部屬也是以去年的數字為參考點。

　　就算我們放下主管的觀點，換成執行長的視角；即使執行長致力於重新分配資源，問題並沒有比較簡單。一如有位執行長指出的：「我應該從資源豐富的單位那裡挪出預算給資源貧乏的單位，但我不是俠盜羅賓漢！」一般來說，對執行長最有利的做法是從成熟的事業單位取得資源，以資助那

些更具成長潛力的事業單位。但是在銀彈充足的事業單位，那些「有錢的」主管卻不是這樣看事情。他們不想看到自己的預算為了補助「貧窮的」單位而遭到削減；確實，他們通常有許多構想可以動用分配到的金錢。更厲害的是，他們可以輕易的解釋，要是他們這些單位被迫在拮据的資源下營運，要產生公司所仰賴的現金流是多麼困難。在這個協商賽局裡，昨日的贏家擁有一手好牌。

最後，我們來回想一下，在這個爾虞我詐的預算攻防裡，所有的參與者去年都參與同樣的協商。資源分配的劇烈變動，意味著對個人判斷能力的強烈質疑。這會讓我們去年做的決策看起來像是個錯誤嗎？當然，我們都認為自己有適當的決策能力，也能在資源分配上展現「敏捷」。最高經營管理者被問到公司是否會「承認錯誤，並及時中止不成功的計畫」時，80%都說會。但是如果我們問組織階層裡往下一層的中階主管同樣的問題，52%的中階主管會說不會。你相信誰？

這些原因都可以解釋，重大的資源重新分配為什麼困難重重。不過，有件事確實能促成資源重新分配，那就是嶄新的觀點。企業在新任執行長上任後的那一年，資源重新分配的規模陡然增加。當執行長是外來者時更是如此，因為他們

對於錨定效應和組織內部的社群壓力有更高的抵抗力。可想而知，這些執行長通常能交出一張漂亮的成績單，尤其是當他們迅速、果斷的進行資源重新分配時，效果尤其明顯。

沉沒成本與承諾升級

嚴格來說，慣性是什麼都不做。不過，我們有時候是多做多錯，這是指面對一項必敗無疑的行動，不但沒有維持現狀，反而加碼下注，投入更多資源。這個模式就是「承諾升級」（escalation of commitment）。

承諾升級最悲慘的例子就是一個國家在一場注定打不贏的戰爭裡愈陷愈深。1965年7月，美國國務次卿喬治・博爾（George Ball）在給詹森總統（Lyndon Johnson）的備忘錄裡寫到越戰時，就預言這樣的情況：「一旦我們遭受大量傷亡，就會開啟一個近乎不可逆的過程。我們會深陷其中，執著於達成我們全部的目標，非到國家蒙受恥辱，無法毅然決然停止。」唉，這個險峻的預言最後成真：1964至1968年之間，美國在越南的地面部隊人數從兩萬三千人增加到五十三萬六千人。

　　可悲的是，當歷史重演，掙脫不了的承諾升級邏輯仍然陰魂不散。2006年，美國總統小布希總統宣告：「我向你們保證，在任務完成之前，我不會從伊拉克撤軍。我們在伊拉克戰爭身亡的兩千五百二十七名子弟兵不是白白犧牲。」五年後，無論「任務」完成與否，美軍的死亡人數上升到將近四千五百人。而在2017年8月，總統川普為了合理化他在阿富汗增兵的決定（儘管他一開始反對持續進行這場戰爭），表示重要的是獲取「光榮而長遠的成果，得到與已經造成的龐大犧牲相稱的價值，尤其是犧牲生命的價值」。

　　在這之中的邏輯一直都一樣：損失愈高，說服自己這一切「不是白白犧牲」就愈重要。用已經遭受的損害來使未來的加碼「正當化」，這正是經濟學家所說的「沉沒成本謬誤」（sunk-cost fallacy）完美的寫照。這個邏輯的謬誤應該很明顯：新資源的投入決策不應該考慮永遠無法回復的損失、成本（或生命）。在考慮未來（預期「投資報酬率」）時，重要的問題只有一個：以預期的結果來看，我們今日加碼投注的資源，值得嗎？

　　但是，碰到事情要能這樣講道理實在很困難，這點從我們的日常決策就可以明白。如果你曾經因為點太多食物而覺得不得不吃光，如果你曾經強迫自己讀完一本你覺得無聊的

小說，如果你曾經因為已經付錢買票而頂著重感冒去戲院，那麼你已經受到沉沒成本的影響。

　　在商業世界，承諾升級最鮮明的例子，就是那些拚命挽救瀕臨失敗的計畫的公司。鈕星汽車（Saturn）就是一個壯烈的例子。鈕星是通用汽車為了和日本進口車競爭而在1983年成立的事業部門。原本的構想是為了創造「一家不同類型的公司」，做出「一種不同類型的車」。鈕星的產品和做法都不受制於大型公司的規則（也不受大型公司死氣沉沉的官僚體系之累）。結果，用最客氣的說法，不是每件事都按照計畫走：2004年，在成立超過整整二十個年頭之後，鈕星燒掉的錢超過一百五十億美元，而根據產業分析師的說法，它從來不曾獲利一毛錢。那麼，管理團隊決定怎麼辦？他們決定加碼三十億美元，把鈕星改造成通用汽車的一個「普通」事業單位！這個事業部門沒有比之前半獨立的公司成功多少。後來是到了2008年，通用汽車在政府紓困計畫的要求下，才把鈕星標售。當然，那個時候已經沒有任何買家。它最後在2010年關門大吉。

　　鈕星汽車是個極端的例子：很少有公司能夠禁得起連續二十七年的失敗、損失兩百多億美元。但是，通用汽車遲遲不願放棄失敗事業的堅持，以及對後續重生計畫那份深不見

底的信心，稱不上不尋常。事實上，大型公司一項對事業撤資的情況，比一般人預期的更罕見。一項涵蓋兩千家企業、十七年期間的研究顯示，平均而言，這些企業每五年執行一件撤資案。撤資時的總殘值是收購成本的二十分之一。

　　就像這些例子所顯示的，光是蒙受無法回復的成本損失，並無法構成承諾升級的原因。我們也必須說服自己，我們不是走進死巷，而是邁向一個光榮的未來。軍隊領導者之所以派遣更多軍隊進入戰區，是因為確信這一次擁有必要的資源，必然勝利在望。投資者之所以加碼投資某一支已經崩跌的股票，是因為堅信它現在就會再度反彈。通用汽車的領導者在實行每一次改造計畫時都深信，這一次的新策略、新總裁或更有利的市場條件最終會讓釷星汽車回到正軌。

　　現在，你應該已經發現，這種信念正是我們在前一章看過的過度自信。承諾升級不只是慣性的一種形式，它同時也根源於不合理的樂觀。一方面是對於沉沒成本的掛念，另一方面是對於未來計畫的過度自信，這兩種心態奇特的交纏糾結，正是承諾升級如此難以克服的原因。

破壞式創新與慣性

　　本章開場的案例（1997年的寶麗來），描繪一個熟悉的模式：強勢且有豐厚獲利的現有業者，在面臨環境的重大變遷時，無法克服慣性，無力重新分配他們的資源。唱片公司被數位音樂顛覆，電信業者在科技巨人和靈活的app服務業者之間的夾縫中掙扎，軟體開發業者面臨雲端競爭的衝擊，實體商店受到電子商務的威脅：所有受到數位革命破壞的企業，都面臨著同樣困境的不同劇本。

　　這些企業必須做出的選擇，可以用一個簡單的問題概括。他們應該投靠新科技，與現有的核心事業競爭，在別人淘汰自己之前先自己砍掉重練嗎？在短期，新事業難免要面對嚴峻的競爭，獲利也低於它要取而代之的成熟事業。另一方面，在長期，新科技無疑會取代舊科技。

　　以後見之明來看，答案似乎很明顯。但是在當下，答案卻模糊難辨得多。任何領導者都會有很多猶豫的理由。我們確定傳統事業已經宣告注定無望了嗎？我們難道不能兼顧兩個世界，比方說推動某種能兩全其美的「混合」科技嗎？在各式各樣的新興科技裡，應該押寶在哪一項？以我們這種大企業的成本結構，要如何讓開發新科技能夠獲利？最後，怎

麼樣才是轉型進入新科技的最適步調，既不會太快，也不會
太慢？

　　另一個關於網飛的故事則點出，在這樣的情況下，時機
有多麼關鍵。我們在前一章看到，百視達面對DVD和網際
網路的同時興起時，反應遲頓。但是，幾年後出現第二個轉
型期（可以說是真正的轉型）：隨著寬頻網路的問世，電影
串流得以取代DVD。

　　網飛的創辦人哈斯廷斯從競爭者所犯的錯誤中學習。他
極力確保網飛不會像老業者一樣行動，不會為了保護自己的
核心郵寄事業而忽視新興的串流事業。2011年，他想出一
個大膽的解決方案：把網飛拆分成兩家公司。一家專門經營
串流事業，另一家（名叫Qwikster）則管理郵寄DVD的舊
有事業。兩家公司分別由不同而相互競爭的團隊所領導：他
認為這是同時防守兩條戰線萬無一失的方法，能夠讓兩個市
場的成長與獲利達到最高。

　　這個計畫起了反效果。消費者認為這種安排複雜得沒有
必要（為什麼他們要管理兩個帳戶？）。消費者也認為，這
麼做其實是要他們為同樣的服務付兩次錢的技倆。沒幾週，
哈斯廷斯就體認到自己的失算，而放棄拆分公司的念頭。但
是，區區一季之間，網飛就流失八十萬名美國訂戶。哈斯廷

斯後來坦承自己的行動太快，承認自己的錯誤：未來當然是屬於串流影視、而非DVD租借……只不過，未來還沒有來。

　　一個賺錢的事業，即使你知道它的末日注定要來，還是不容易知道要撐它撐多久。有些人或許會太快起步，像是哈斯廷斯。但若是有準則可循，那就是百視達的慣性是常態，網飛的急躁是例外。在此借用克雷頓・克里斯汀生（Clayton Christensen）那句現在廣為人知的話：當一家傳統企業面臨「破壞式科技」（disruptive technology），應對時幾乎一定會拖延重新分配資源的時間。絕大多數企業都不會過度反應。他們會猶豫不決，直到為時已晚。

　　這似乎正是在寶麗來上演的故事，雖然連續幾任領導者都具備策略遠見。迪卡米洛上任執行長時，認為寶麗來是一家獲利微不足道、但非常有自信的公司。行銷部門漫不經心的製作報告，宣告自己有100%的市占率，但它所定義的市場是美國的拍立得相機市場。它的實驗室孕育的新構想多得不得了。

　　迪卡米洛立刻體認到這種企業文化的問題。他一上任就著手改造寶麗來的組織，讓實驗室更貼近市場。他告訴員工：「我們這一行要做的不是拿到最多的專利。我們這一行

要做的不是寫出最多的研究報告。我們這一行要做的也不是看能端出多少發明。」這是個強烈而且全新的訊息。迪卡米洛改造公司的結構，裁掉兩千五百名員工，相當於工作人力的四分之一。顯然，他並沒有低估情況的急迫性，也沒有輕忽帶領公司轉向以面對局勢的重要性。

但是，組織無法擺脫慣性。寶麗來的實驗室和傑出的研究人員做了什麼努力？他們著手開發數位產品，不過多半是他們目前拍立得相機機種的延伸，而這些價格更親民的新產品有一些也相當成功。寶麗來的經濟模式也助長慣性：它採用所謂「剃刀與刀片」（Razor and Blades）的商業模式，以低價出售相機，靠底片獲利。但是，在一個不再有消費財的數位世界裡，這個模式不可能複製。為了過渡到數位世界，寶麗來需要歷經劇烈（而且高風險）的轉型：大幅削減成本，積極重組核心事業（或出售部分核心事業），還有砸下重金，再投資於數位科技。

就像寶麗來，許多公司在回應變動的環境時，做得太少，也行動得太遲，不曾成功做到適當的重新分配資源。引用退場決策指標研究的作者所言，認知偏誤「造成公司忽視危險信號，在面對新資訊時無法調整目標，而且花冤枉錢。」

現狀偏誤

　　阻礙公司裁撤績效低落的事業、更常導致他們落入慣性陷阱的原因還有一個：純粹只是因為根本沒想到要問「是否該裁撤」這個問題。我們都受制於現狀偏誤，對我們來說，不做決定比做決定簡單。

　　假設你剛繼承一大筆錢，你可以選擇各種方式投資這筆資金，像是股票、債券等等。當然，你的選擇取決於你的偏好（尤其是你的風險耐受程度），還有你對於眼前的各個選項有何想法。可想而知，不是所有的人都有一樣的反應。但是，如果你繼承的財富是既有的投資組合，包含這些資產中的一項呢？在關於現狀偏誤一項具開創意義的實驗裡，經濟學家威廉・薩繆爾森（William Samuelson）與理查德・澤克豪則（Richard Zeckhauser）測試了這個命題。實驗對象有很高的比例選擇按兵不動，讓投資組合保持他們接收時的狀態，而不是根據自己的偏好重新分配。不決定的安逸，壓倒他們理應要有的理性偏好。[*]

　　我們在無數有「預設選擇」的情況裡都可以發現這種對

---

[*]　改變投資組合內容的交易成本，或許是投資人偏好原來慣性的理性原因，但是研究人員已經告知實驗對象，交易成本是零。

現狀的偏好。無論是挑選車子的顏色，或是分配退休計畫裡的資金，甚至是同意器官捐贈，我們往往不做選擇，因而採用預設選項。那兩位經濟學家寫道：「在真實世界，第一個決定是去發現有一個決定」，但是「這種體認可能不會發生」。

　　企業也像個人一樣，受制於現狀偏誤。通常，企業總部在年度預算的制定程序裡，會分別檢視各個單位的預算。總部不會清楚明確的從事牽涉所有單位的資源重新分配活動。因此，此時的「預設」選擇就是稍微調整資源分配。撤資項目的數量之少，也反映出現狀偏誤：對一家公司來說，預設選擇是保留事業單位，而不是出售。

　　除了錨定效應、沉沒成本和現狀偏誤，還有一種偏誤在重新分配決策（或者應該說是「不」重新分配決策）裡扮演要角，那就是「規避損失」（loss aversion）。下一章就要討論這個偏誤。

本章總結：慣性陷阱

- **錨定效應**誘使我們根據進入腦海的數字進行估計或預測，即使這個數字與眼前的事情無關。
  - ▶ 即使是離譜的定錨數字也會影響我們，例如甘地的年齡、擲骰子的法官……
  - ▶ 有關聯性的數字也會影響我們，例如在討論今年的預算時，會受到去年的預算影響。

- 錨定效應是**資源分配慣性**的關鍵因素。
  - ▶ 如果今年的預算和去年有90%相同，為什麼要進行漫長的預算會議？

- 組織內部的**資源爭奪戰**會讓問題雪上加霜。
  - ▶「有錢的」單位不想把資源給「貧窮的」單位；執行長「不是劫富濟貧的俠盜羅賓漢」。

- 更極端的慣性偏誤就是**承諾升級**：在虧損活動上加碼投資。
  - ▶ 葬身於戰爭初期的軍隊絕對不能「白白犧牲」。
  - ▶ 通用汽車不斷對鈕星汽車紓困，期間長達二十七年。

- 慣性造成對破壞式創新的反應不足，讓現有業者飽受摧殘。
  - ▶ 寶麗來看到數位革命的來臨，但是資源重新分配的速度不夠快。

- 一般而言，不做決定比做決定容易；這就是**現狀偏誤**。

6

風險認知陷阱
我希望你勇於冒險

不要打安全牌，這是全世界最危險的事。
—— 休·沃爾波（Hugh Walpole），
英國小說家（1884-1941）

　　假設你眼前有一項一億美元的投資案，資金不能抽回。如果投資案成功，很快就能產生四億美元的獲利。但要是投資案失敗，不但沒有收入，連那一億美元的本金也會泡湯。那麼，如果要你答應這項投資案，你會要求多高的成功機率（或者說你能容忍的失敗機率最高是多少）？

　　簡單來說，這是企業每天都在處理的問題。比方說，前述假設情境的風險形態就類似一項高風險的研發投資：如果順利，這筆賭注能讓你抱回頭彩；如果不順利，你會輸個精光。

　　那麼，你應該容忍多少風險？答案取決於你自己！我們唯一能確定的是，如果血本無歸的機率是75%，那麼這項投資的獲利期望值是零：25%的機率能賺四億美元，75%的機率一毛錢也賺不到，因此期望報酬是一億美元，正好抵消投資的本金。因此，接受超過75%的損失率是不理性的。例如，損失的機率如果是95%，你顯然不會想付一億美元換取只有5%可能賺到四億美元的機會。

　　假設損失的機率低於75%，要選擇哪種損失機率水準就取決於你，而且你的答案反映出你的風險容忍程度（或是風險規避程度）。假設大衛回答50%，而泰瑞回答25%，那麼勇敢的大衛在獲利機率低得多的情況下承擔相同的損失，而

謹慎的泰瑞就是兩人當中風險規避傾向較強烈的人。

麥肯錫有一個研究團隊對八百名大型企業經理人提出這個問題。平均來說，他們表示願意容忍的最高損失機率大約是18%。不到三分之一的經理人願意接受損失機率超過20%。這個數據反映的是相當強烈的風險規避傾向：如果有一項投資的獲利是最初投資金額的四倍，成功機率必須有80%才能讓他們接受。如果賭徒的風險規避傾向都這麼強烈，恐怕就沒幾個莊家還能混一口飯吃了。

當然，經理人不是賭徒，而是企業資源的管家。謹慎絕對是合宜之舉，尤其是事關一億美元投資的成敗。對一家中型企業而言，損失這麼多錢可能有致命風險。為了衡量這個因素的重要性，有研究人員拿同樣的問題請教另一組抽樣的經理人，不過這一次問的是一千萬美元的投資案，不是一億美元，而潛在獲利為四千萬美元。

大家或許會預期，在這個情境裡，風險規避傾向會較低。假設你的公司要做的並非賭上全部身家的一次性決策，而且財力足夠投資好幾項相同風險形態的研究計畫，構成一種「投資組合」。那麼，接受較高的損失機率能夠讓你受惠。例如，假設你投資十項損失機率為50%的計畫，最可能發生的情境是其中有五項計畫會成功：如此一來，公司的

最初投資金額就會翻為兩倍，這是極為優渥的報酬。

　　然而，非常奇怪的是，在投資金額變為十分之一時，經理人的回答幾乎沒有任何改變。讓決策者否決投資案的不是投資總額本身，而是虧損機率，無論金額是多少。

　　如果你習慣在企業環境下做這些類型的決策，應該不會對此感到訝異。面對一件有一半機率會失敗的投資案，沒有人想要自己的名字出現在簽名欄上。此外，就像前述幾章所說的，我們可以合理的假設那些成本是低估，而預測獲利（還有它們會實現的機率）為過度樂觀。

　　但是，這種行為卻相當令人困惑。同樣的決策者回答同樣的問卷，描述公司對承擔風險的態度時，其中有45%回答公司過於風險規避（只有16%持相反看法）。其中有50%認為公司的投資不足（只有20%持相反看法）。基本上，他們希望公司可以提高對風險的容忍限度。但是，以他們對假設投資的反應來看，他們不太可能是解決這個問題的人選。

按照我的指示辦事，不要學我怎麼做事

　　我們在這裡看到的是一個糾結錯雜的矛盾。一方面，任

何企業（尤其是大型企業）理論上對風險有強健的容忍度。另一方面，企業的個別經理人卻有相當高的風險規避傾向。這會形成一個真正的問題：過度的風險規避和不理性的樂觀一樣有害。

　　風險規避有一個讓人傷腦筋的表現，就是大公司不願意把營運產生的現金拿去再投資。截至2018年為止，公開上市的美國公司囤積大約一兆七千億美元的現金。這表示它們沒有找到足夠有吸引力的投資案。如果是衰退產業的老化企業，這麼做或許還可以理解。但是，這些沒有動用現金儲備的企業有將近一半都在高科技部門。光是蘋果這家公司就坐擁兩千四百五十億美元的現金（比所有企業該年度支付的聯邦公司所得稅總額還多）。那麼，蘋果這家以創新能力在全球備受推崇的企業，用這些額外的現金買了什麼？答案是：自家公司的股票。蘋果自2012年起開始執行史上規模最大的買進庫藏股計畫。研究創新者如何扳倒大型企業的克里斯汀生與德瑞克・范貝佛（Derek von Bever）發現：「雖然利率處於歷史低點，公司卻滿手現金，沒有投資在可能促進成長的創新。」

　　看到這些重量級企業顯然缺乏新計畫，這點讓人困惑，因為新計畫可能需要的所有資源，對它們來說是唾手

可得：現金自是不在話下，而且還有人才、品牌、專利、通路等等。與此同時，沒有那些資源的創業家卻設法成功的開創新創事業。有些後來為大企業收購，像是WhatsApp（Facebook以一百九十億美元買下）。至於其他「獨角獸」，像是Spotify或優步，則是在最後上市之前募得數十億的私人資金。這些開創變革的新創企業有一個共同點：它們全都不是誕生在既有企業的內部。

　　如果你拿這個矛盾去問大企業的執行長，對方的回答可能全都不離以下這個主調：「我很樂意批准風險較高的計畫，但是沒有人把提案送上來給我！」執行長們表示，由於創新而高風險的專案從來沒有上達高層，可見它們可能在組織較低的層級就被封殺，或是提案人在自我審查後撤案。有些執行長甚至覺得本章開場那個簡化的投資案例很奇怪：他們說，沒有人敢對他們提出這樣高風險的投資案！

　　許多企業領導者會鼓勵員工更富創業精神，想要藉此矯正這個問題。「勇於冒險！」經常是大企業的格言。為了實踐這個目標，有些公司會舉辦點子競賽、設立專門從事大膽創新的部門，或是成立內部創投基金。這些方法之所以有需要，顯示成熟組織要支持有風險的專案有多麼困難。

　　形成這個障礙的原因出在個人和集體對風險的態度。為

了理解我們對風險的態度，我們必須檢視三項偏誤。這三項
偏誤加起來，導致各個企業出現不理性的風險規避程度。

損失規避

在這三個偏誤中，第一個、也最重要的一個就是康納曼
和特沃斯基所說的損失規避。損失規避和風險規避不一樣。
它是一個更為基本的現象：即使規模相等，損失和負面因素
的分量會比獲益和正面因素更為重要。損失一塊錢的痛苦比
贏得一塊錢的快樂更強烈。

評量你的損失規避傾向最簡單的方法，就是回答以下這
個問題：「我們現在要擲一枚公平的硬幣。如果出現背面，
你就損失一百元。那麼，出現正面所贏得的獎金必須是多少
金額，你才願意玩這個遊戲？」理論上，對一個完全理性的
人來說，一百零一元就應該足夠。但是，對大部分人來說，
能夠接受賭局的答案大約是兩百元，這個數字所反映的「損
失規避係數」（loss aversion coefficient）為二。賭輸的損失金
額增加時，規避係數也隨之增加，可能接近無限值。除非你
極度富有，加上賭性堅強，否則沒有任何潛在利得能讓你同

意一輪可能讓你一百萬泡湯的擲硬幣遊戲。

　　損失規避的實際影響多到不可勝數。例如，有些你我都很熟悉的銷售技巧，背後的基礎正是損失規避。與其給消費者利益，還不如談論避免損失通常來得更有效：「不要錯過這個獨一無二的機會」；「明天，就來不及了」。或許你已經注意到，本書的書名也應用同樣的原則：承諾幫助你避免「不當決策」（損失），比給你好處更有說服力。（如果本書的書名是「如何做出更好的決策」，你還會拿起這本書一探究竟嗎？）

　　但是，損失規避有更深一層的重要性。康納曼認為它「絕對是心理學對行為經濟學最重要的貢獻」。例如，在一場談判裡，比起達成對等的利益，各方都更願意為了避免損失而讓步。改變之所以如此難以達成，也可以視為損失規避的結果：當改變會分出贏家與輸家時，輸家對於損失的感受比贏家對利得的感受更強烈。這有助於解釋為什麼少數群體經常採取行動阻擋多數群體支持的計畫。

不確定性規避

　　造成風險規避程度異常的第二個現象是：我們開場所描述的投資問題經過人為的簡化，而風險投資從來不是那樣清楚分明。商業世界不是賭場，沒辦法像擲骰子一樣，一開始就知道確切的勝率。在實務上，我們永遠無法精準的知道專案成功或失敗的機率。此外，每當有人在提案時估計專案的成功機率，我們也會懷疑他過於樂觀（而且這種懷疑通常是正確的）。

　　至於投資報酬通常是未知數。我們有時候能夠相當確定，投資如果失敗會百分之百血本無歸，但是我們永遠無法斷言，投資如果成功會有多少預期的獲利。就連估計一項計畫需要多長時間才能蓋棺論定成敗，通常都是一項挑戰。

　　最後，在你決定是否要從事風險投資時，還有無數的影響因素。你熟悉這個主題嗎？你對主事的團隊有多少信心？你對專案的執行有多少控制力？有沒有方法可以把這項專案分成好幾個階段，以限制原來出資的規模？

　　在真實世界裡，投資絕少像是一盤一翻兩瞪眼的賭局。做投資決策時，我們面對的不只是風險。我們面對的是經濟學家法蘭克・奈特（Frank Knight）所說的「不確定性」，

也就是我們無法量化的風險。如果要說有什麼事物像損失一樣讓我們厭惡，那就是不確定性。經濟學家稱之為「不確定性規避」（uncertainty aversion）或「模糊規避」（ambiguity aversion）。就像諺語所說的：「明槍易躲，暗箭難防。」許多實驗都證實，我們願意付錢來規避不確定性。我們寧可承受數量固定的風險，也不願接受未知的風險。

後見之明偏誤

規避風險還有第三個原因。為了理解這個原因，請你回想最近的新聞（或者是你的生活），有哪個事件發生時讓你感到意外。現在，當你再深思那個事件，能找出早就應該能料到它會發生的原因嗎？答案當然是肯定的。即使是讓我們意外的事件，也會很快想出相當簡單的解釋。那些信心滿滿的宣稱川普絕對不會當選總統的專家，就在選後第二天振振有詞的解釋為什麼他的勝選可以理解、合乎邏輯，甚至是無可避免。2019年，沙烏地阿拉伯煉油廠遭遇無人機攻擊，許多觀察家質疑為什麼沒有人預期到這種攻擊，即使他們也不曾想像到這種可能性。

　　這種在事前和事後對事件發生可能性的認知差距，就是心理學家巴魯赫・費雪霍夫（Baruch Fischhoff）所說的「後見之明偏誤」（hindsight bias）。費雪霍夫在發現這個現象的研究裡，先請自願參與研究者預估政治事件發生的機率，例如尼克森1972年那趟歷史性的中國之行後續各種潛在後果；後來，等到事件發生（或是沒有發生），再請相同的參與者回想他們給各項事件設定的機率。這時候，很少人還會確切記得自己當初的答案。但是，人多數人答案都朝同一個方向偏重。事件發生時，他們高估先前設定的機率：「我就知道會發生這種事。」相反的，對沒有發生的事件，他們忘記當時有多相信它可能會發生：「我就知道不會發生這種事。」

　　到處都可以看到後見之明偏誤，連歷史教科書也俯拾皆是。我們都知道如何分析「第一次世界大戰的原因」，或是「凡爾賽條約的影響」。但是，歷史學家是在史實的無限潛在集合裡精挑細選，建構出合乎邏輯的因果關聯。在事件發生當時，通常完全沒有人注意到那些「原因」。

　　最近有一支由歷史學家和人工智慧專家組成的團隊就驗證了這個觀點。他們訓練機器學習演算法，只根據當代的資訊預測事件在後來是否會被視為具有重大的歷史意義。他們

的結論是：重大的歷史意義極難預測。這個世界就是如此紛亂而隨機，就是無法做這種預測。歷史學家只有在後見之明中挑出符合他們敘事的事實，並排除其他事實。這就是為什麼多個同樣言之成理的歷史解讀可以共存；而新的「歷史修正」理論能夠出現，也是同樣的道理。

　　這也是為什麼在後見之明裡，我們無法抗拒把偶發事件視為必然。我們都知道，在1940年，當英格蘭面臨納粹德國的威脅，存亡迫在眉睫之時，這個國家「需要」選擇一個寸步不讓的死硬派戰士擔任首相。這位首相，除了溫斯頓・邱吉爾（Winston Churchill）之外，很難想像得到還有誰能勝任。我們通常忘了，就在國王任命邱吉爾的區區幾天之前，下議院裡沒有一個人敢賭他有一絲機會。但是在國會的挪威戰役辯論發展的奇特轉折下，讓他歪打正著的被提名為首相（那場戰役是軍事敗筆，而邱吉爾是主事者）。邱吉爾的傳記作者馬丁・吉爾伯特（Martin Gilbert）有一次被問到，他從他記述這位偉人的三萬頁文字裡學到什麼。吉爾伯特的回答是：「我學到歷史有多麼驚險。」

　　大歷史是如此，我們的個人歷史也是如此：我們想要解釋意外或失敗時，通常會掉進後見之明的陷阱。回想一下我們假設的那個投資決策：如果這件風險投資損失一億美元，

沒有人會記得在決策當時，冒險是完全合理的選擇。相反
的，每個人都會想出一千個理由解釋投資為什麼注定會失
敗。即使失敗是歸咎於某個意料之外的困難，他們也會問為
什麼沒有料到這個困難。如晴天霹靂般完全出乎意外的事件
畢竟還是如鳳毛麟角；他們會說，無論誰是專案的主事者，
理應都要考慮到所有可能的狀況。基本上，每個人都會像
費雪霍夫實驗裡的參與者一樣想著：「我就知道會發生這種
事。」

　　從事創業提案的經理人都深明此理。他們完全了解，提
案一旦有結果，就會以後見之明來評斷。那麼，他們為什麼
還要支持這項風險專案？2017年獲得諾貝爾獎的經濟學家
理查‧塞勒認為這是一個在實務上無解的問題。他寫道：
「執行長面對最棘手的一個問題就是說服經理人，如果風險
計畫的預期報酬夠高，他們就應該採行。」

　　損失規避、不確定性規避和後見之明偏誤聯手造成過度
的風險規避。這有助於解釋為什麼企業所承擔的風險低於它
們可以承受的能力水準、低於它們應該設定的合理水準，也
低於企業領導者自己表示的理想水準。*

---

* 當然除了這些經得起時間驗證的解釋，我們近年來觀察到大企業長久以來再投資
　水準處於低迷的情況還有其他因素，包括總體環境或是稅法變動。

不冒任何風險，卻失去一切

但是，我們儘管觀察到過度的風險規避，卻也同樣真實的觀察到過度樂觀引起的許多錯誤，那麼，我們要如何合理解釋這兩種現象？為什麼風險規避心理攔不住一頭栽進風險事業的傑西潘尼或桂格的領導者？創業家在隱含高風險的專案押注他們的金錢和時間時，似乎沒有像前述的經理人一樣，受到風險規避的羈絆，為什麼？換句話說，我們剛才分析的那種畏怯的規避風險行為，怎麼會和第四章討論的那種膽大無畏、過度自信的冒險行為並存？

這個矛盾很容易解答。即使你是風險規避者，也仍然會做有風險的決策，前提是你沒有意識到這些決策有風險。企業押重注就是這麼一回事：有更多時候，他們只是沒有意識到這些賭注的風險有多高。

如果你有機會觀察組織內部怎麼做決策，比方說回想你最近一次參加討論風險專案的情況：有人指出專案無法降低潛在風險並提出來討論嗎？提案人有試著評估失敗機率的確切數字嗎？換句話說，決策看起來和擲骰子一樣嗎？

這些問題，你的答案大概都是一聲響亮的「沒有」，而且理由充分。一般來說，決策者都接受未來有不確定性，投

資有風險。但是，他們並沒有把自己當成賭客，因此不是根據統計上可以計算的勝率來下注。在他們眼中，「風險」有另外一種意義。風險是要極小化的麻煩，是他們要克服的挑戰。經理人只要一提到風險，就應該列出為了減緩風險所採取（或建議）的措施。「風險」對經理人的意義，與決策理論家眼中的風險完全不同，它不是無法控制，而是要控制的事物。*

　　這有助於解釋為什麼過度自信會出錯。公司走險棋時，幾乎從來不是因為清醒的決定押注於高風險、高報酬的計畫。相反的，這麼做通常是對一個過度樂觀的前景有接近百分之百的信心。

　　造成這種幻覺的流程，是第四章所討論的三個偏誤直接導致的結果。專案可能風險很高，但是與它相關的預測受到「過度自信」的影響。銷售、獲利、完成時間等各項預測終究都難逃「過度樂觀」。同樣重要的是，「過度精確」會導致決策者高估他們對這些計畫的信賴水準。

　　一個典型的例子就是包含「基準情境」和「悲觀情境」的營收預測（這是一種防備措施，意在展現提案者的主張是

---

* 這裡的一個例外與金融機構有關：在這些機構，風險通常會被當作技術性的營運變數。

多麼合理）。「基準情境」其實是樂觀情況，而「悲觀情境」完全稱不上是「最糟情況」，這樣想反而比較保險。提案者的目標是讓計畫看起來十拿九穩，可以產生滿意的結果。從公司政治的角度來看，這是一記高招：以無可動搖的堅定信心鼓吹能夠被視為「安全牌」的計畫，最有可能過關。

　　這些組織動力解釋企業怎麼能同時過度自信又風險規避。這兩種本應效應相反的偏誤不會彼此抵消。康納曼和丹・洛瓦羅（Dan Lovallo）在一篇名為〈畏怯的選擇與大膽的預測〉（Timid Choices and Bold Forecasts）的文章裡，如此描述這個矛盾：人在選擇時規避風險；但是當過度自信、過度精確的預測成為選擇的依據時，選擇反而看似很容易。

　　當然，組織裡不是每一個人都能讓大膽的預測看起來顯得可信。投資程序的設計就是為了挑戰提案者，對他們的計畫務實性做壓力測試。在大型企業裡，投資提案要經過好幾個層級和部門的詳細審視。在每一個階段，提案都要接受嚴格的分析，去除任何一絲過度樂觀的成分。

　　這樣看來，難怪最大膽、風險最高的專案通常也是規模最大的專案。如果專案倡議者所在的職位接近組織層級的金字塔頂尖，他的提案、預測和假設所經過的審視也會較少。在最極端的狀況下，像是大型併購或劇烈的轉型，執行長本

人就是專案的倡議者。可想而知，斯納普和傑西潘尼的故事正是屬於這兩個類別。

反過來說，由基層員工倡議的小規模專案，在得到核准之前，卻必須在階層組織裡克服重重障礙，通過層層的詳細審視。還記得那些因為沒有人向他們提議風險專案而感到訝異的執行長嗎？他們或許應該怪罪於公司嚴格而有效的執行政策和流程。他們要求一項專案必須具備一個難以證明的信賴水準，藉此有效嚇阻員工提出富有創業精神的提案。

反其道而行會更合理。單一大型高風險專案，即使有天大的利益，也會陷公司於危險。另一方面，在規模較小的專案上冒險應該要容忍，甚至鼓勵：高風險、高報酬專案的分散化組合會是一個極度合乎理性的選擇。只可惜，我們遇到大專案時，樂觀主義更容易大行其道，而在面對小專案時，反而受到風險規避心態的左右。當畏怯的選擇遇到大膽的預測，可以解釋為什麼一家公司會滿手現金，獨缺令人興奮的機會，卻還是偶爾會瘋狂豪賭。

據說馬克‧吐溫曾說：「他們不知道那是不可能做到的事，所以成功了。」這句話經常用來鼓勵大家勇於冒險。但是它也精闢的點出我們這麼做的常見原因：不是出於勇氣，而是無知。嘗試不可能的事當然是下策：按照定義，成功

會非常罕見。但是，克服我們的風險規避取向、更常冒險犯難，而且完全理解自己在做什麼，卻是明智之舉。把冒險當家常便飯的專業投資人士和創業投資家，已經發展出能幫助我們追求這個目標的方法和文化。本書第三部對此有更詳細的著墨。

本章總結：風險認知陷阱

- 企業似乎**冒險太少**：他們囤積現金，經理人拒絕進行風險專案。原因至少有三個。

- **損失規避**：我們因為損失所感受的痛苦，大於相同獲利帶來的快樂。
  - ▶ 擲一枚公平硬幣時，猜對要贏得多少獎金，你才會願意接受猜輸時賠一百元？

- **不確定性規避**
  - ▶「明槍易躲，暗箭難防。」

- **後見之明偏誤**：「我就知道會發生這種事。」
  - ▶ 事後來看，歷史看起來「無可避免」。
  - ▶ ……專案失敗時，都怪罪到提案者頭上。

- 企業**以否認風險的存在來克服風險規避心態**。有風險的構想包裝成十拿九穩的事情來提案，在不造成冒險的觀感下通過提案：「**畏怯的選擇與大膽的預測。**」

- 這種組合導致企業**封殺小風險**的專案，**卻放行大風險**的專案：正好與應該發生的狀況背道而馳！
  - ▶ 很少有企業像創業投資家一樣，建構高風險、高報酬的小型計畫投資組合。
  - ▶ 相反的，他們低估大型專案的困難，藉此賦予採行它們的正當性（例如收購、重大的組織改造計畫）。

7

時間範圍陷阱
長期太遠了

從長期來看，我們都死了。

——凱因斯（John Maynard Keynes）

「許多企業逃避為未來的成長而投資。太多企業削減資本支出，甚至增加舉債，以增加股利，增加買回庫藏股的數量……如果基於錯誤的原因、以犧牲資本投資為代價，〔把現金還給股東〕可能會癱瘓一家企業創造永續長期報酬的能力。」

寫這段文字給美國大型企業的執行長、並警告他們防範短期思維陷阱的人，是何方神聖？是哪位政治運動份子嗎？憤怒的工會領袖？還是擔憂管轄州內工作機會減少的政府首長？都不是，這封寫於2014年3月的信，署名者是貝萊德（BlackRock）這家全球屬一屬二投資基金公司的執行長賴瑞・芬克（Larry Fink）。基本上他等於說：**不，不要給我更高的報酬。相反的，我希望你們投資在明日的事業上，投資於研發上，或是員工訓練上。**

世人通常怪罪股東、投資公司、退休基金和其他金融業者鼓勵經理人重視股價和短期績效。然而，這裡就有一位金融泰斗憂心企業沒能關注於長期績效。芬克的信件發表幾個月後，不常批判資本主義的《哈佛商業評論》做出這樣的封面故事：「投資人對企業有害嗎？」顯然，短期主義已經成為引發憂慮的一個原因。或者說，原因其實有兩個，因為對短期主義的批判混淆了兩個不同的主張。

短期主義的兩派評論

對短期主義的第一種、也是最普遍的批判，可以在 2019年商業圓桌會議（Business Roudtable）備受矚目的聲明裡看到。商業圓桌會議是美國的執行長協會組織。這項由將近兩百名執行長所簽署的「企業宗旨」宣言，目的是摒棄「股東價值創造」至上，重新強調「顧客、員工、供應商和社區」等其他利害關係人的利益為目標。

儘管遭遇到引人注目的零星抵抗，這項批判至少在原則上已經愈來愈被大家所接受。許多經理人捨棄昔日強硬的股東價值導向觀點，也就是一個可以用傅利曼的名言概括的觀點：「企業的社會責任就是增加獲利。」在這方面，美國企業正在趕上歐陸企業：歐陸對於企業的宗旨有更寬廣的觀點，利害關係人的範圍也更廣泛，而這些已經是長期以來的標準（此外，許多國家更是已經將此納入立法）。

但是這種批評所引發的問題不只是時間長短問題：它關乎一個更大的議題：企業在社會裡所扮演的角色。商業圓桌會議提倡「一個嘉惠所有美國人的經濟體」。追求獲利與獲利對社會的影響、股東利益與其他利害關係人的利益目標之間存有衝突，這並不令人意外。事實上，衝突無可避免。

更讓人意外的是，即使只考慮企業的財務目標，短期主義仍然會是個問題。這是對企業短期主義的第二種批判。即使假設企業唯一的目標是創造股東價值，企業仍然有因為重視立即的利得勝過未來的獲利而犯下嚴重錯誤的風險。芬克在那封2014年寫的信裡，把焦點放在這個問題：他擔憂公司沒有在今日做必要的投資，以致於無法在未來維持獲利。*

要在不同長度的時間內取得平衡不是易事。有個研究顯示，如果有一項投資能夠創造長期的價值，但是會犧牲立即的獲利目標，那麼有80%的經理人願意放棄這項投資。還有一項研究訪談全球大約一千名董事會成員和高階經營管理者：其中有63%表示，展現短期財務績效的壓力在過去五年來有所增加。然而，有將近90%的受訪者肯定表示，採取較長期的觀點做出決策，對公司的財務績效和創新會有正面影響。

這種偏重短期獲利勝於長期利益的取向，有時候稱為「管理短視」（managerial myopia），在公開上市公司特別明顯，而哈佛大學與紐約大學的研究人員所做的一項調查證實

---

* 簽署2019年商業圓桌會議宣言的芬克，至此之後就清楚表示，他也關注企業更廣大的目標以及企業多方的利害關係人。確實，一如他在後來的致股東信裡解釋的，這兩個議題在長期會合而為一：無法對社會展現正面貢獻的企業，最後會失去營運許可證，這對投資人不會是好事。

這種取向有多明顯。研究人員以取樣自公開上市公司的會計資訊,與同產業、規模類似的私有企業的對應資訊做比較。他們假設股市的短期主義壓力會導致公開上市公司的投資比私人企業來得少。他們的發現正是如此,而且結果讓人驚訝。在其他條件相同的情況下,私人企業的投資金額高達上市公司的兩倍!此外,在營收增加時(投資機會出現的指標),或是州企業稅減少時(釋出可用於投資的資金),上市公司把握這些機會的速度遠比私人企業緩慢。

兩個省事的代罪羔羊

一如前述上市公司和私人企業在管理短視上的比較,顯示出我們很容易把短期主義的罪名全怪在投資人頭上。無法預測、無名無姓的金融市場是完美的代罪羔羊。對經理人來說,其中一個省事的解釋就是,如果他們會為公司每個小時的股價而煩憂,都是因為變化無常的交易人。當然,股市的專橫需要甘心的共犯,那就是執行長,他們的薪酬安排是運用股票選擇權和其他機制,把獎金與股價綁在一起。從這個觀點來看,短期主義是短視的市場遇到貪婪的執行長所造成

的結果。

　　這個解釋看似有說服力，但不盡然讓人完全滿意。它忽略股市的一個基本事實：與大眾想法相反的是，股市並非只執著於短期。事實上，股價反映的多半是對公司在長遠的未來所能產生現金流的預期。大部分公司的市值，有70%到80%反映未來超過五年預期現金流的現值。換句話說，股市根本不是短期主義者。它展望未來。它關注的是企業的長期價值，而在很大的程度上，那也是它衡量的標的。

　　這個簡單的事實容易被遺漏的原因，可以用一個名詞來概括，那就是波動性。雖然股價衡量的是長期價值，但這個衡量指標每天都會變動。對於未來價值的預期會受到短期內公司和其所處環境的新聞影響。這種持續調整的過程通常會被誤解為對短期績效的執著。例如，我們會讀到市場「懲罰」季績效表現不佳公司之類的報導。但是，這是簡化的說法。實情是市場因為出乎意外的季度表現而修正長期預測。股價之所以在意外的壞消息出現後下跌，是因為股市在解讀這項消息時認為，它反映的是會影響長期績效的潛在問題。如果市場認為問題嚴峻，例如喪失對公司管理階層的信心，那麼市場可能會對消息「過度反應」。這是企業經理人害怕的結果。

　　股東和投資人都相當能理解以長期績效為導向的策略為
何。若非如此，亞馬遜就無法在沒有獲利（或獲利很少）的
情況下，還能在這麼多年期間得到資金，資助它的成長。此
外，所謂的獨角獸企業也不會存在，因為它們在首次公開發
行時通常都處於虧損，但是可望在未來交出一張亮麗的成績
單。上市公司不是靠短期經營成果進行交易，而是用這些成
果訴說的故事來進行交易。

　　有愈來愈多大公司想要改變這個故事，而它們與投資人
的對話是想要避免過度重視短期績效。例如，有許多公司重
新思考盈餘指引（earnings guidance）的做法。傳統上，企
業會給財務分析師「指引」，提示管理團隊在特定季度設定
的每股盈餘目標。一旦承諾要達到這個目標，管理者就會被
自己的故事所困：如果沒有達成目標，原因若非管理團隊無
法實踐自己的計畫，就是它的計畫從一開始就不切實際。兩
種解釋也都能相當順理成章的成為質疑管理團隊能力的原
因。它們是公司長期目標可信度的負面警訊。在這些情況
下，管理團隊確實可以預期會受到股價下跌的「懲罰」。為
了避免這種短期的後果，企業會禁不住削減研發或員工訓練
等可調節的支出，而對長期價值的創造產生潛在的負面影
響。

　　有鑑於這個嚴重的缺點，提供盈餘指引似乎一點也不值得。估值乘數（Valuation multiplier）似乎不受短期目標承諾的影響，股價波動性也不受影響。許多企業已經取消這項做法，包括可口可樂、好市多、福特、Google和花旗等。聯合利華甚至更進一步，不再每季發布財務數字，而是一年只發布兩次，就像它在歐洲的勁敵公司一樣。

　　這些公司後來怎麼了？投資人拋棄它們了嗎？它們的股價崩盤了嗎？完全不是。很多公司確實看到投資人組成的改變，不過那些是正向的改變：它們吸引到更多講求公司內在價值（Intrinsic Value）的投資人，而想要大撈一筆的投機者變少了。公司因為不去大談短期績效，而吸引到關注長期績效的股東。一如聯合利華執行長保羅・波爾曼（Paul Polman）在2014年的觀察：「當我們宣布取消盈餘指引時，公司的股價下跌8%……但是我對此不是很在意；我認為，在更遠的長期，公司的實際績效一定會反應在股價上。」2018年，巴菲特和摩根大通董事長兼執行長傑米・戴蒙（Jamie Dimon）在《華爾街日報》共同發表一篇投書，建議其他公司也採取相同的做法：「減少、甚至取消季度盈餘指引，這種做法本身並不會讓美國上市公司目前面臨的短期績效壓力一掃而空，但這會是方向正確的一步。」

　　那麼，另一個省事的代罪羔羊，也就是執行長和他們的薪酬方案，又怎麼說呢？經理人的激勵措施是管理短視的元凶嗎？顯然，這個問題的答案取決於這些激勵措施的結構。不過，經常受到批評的股票選擇權，其實可以用來促進長期思維。既然股價會把長期納入考量，為了眼前利得而犧牲未來的執行長，會減損股票選擇權的價值。因此，如果股市其實比我們想的更偏向長期思維，股票選擇權的持有人也應該會抱持長期思維。

　　重點是：短期主義確有其事，但無論是股市壓力或經理人的自利心態，都不足以作為解釋。還有，短期主義之害的影響範圍，遠遠超越有限的上市公司執行長圈。講到對短期的偏好，國營事業的領導者就完全無辜嗎？公家機關不也是會禁不住拖延長期的基礎建設投資嗎？（想想大都會運輸當局的養護投資，或高速公路系統急需的工程。）我們不也經常看到政治領導者因為害怕立即的輿論反應而延後重大改革？簡單來說，有任何人曾經因為思維過度著眼於長期而遭受批評嗎？

　　如果這些問題的答案不言而喻，那還是老話一句，這是因為我們藉著代罪羔羊而誤入歧途。經理人當然過度注重短期。但是，我們每個人也都是如此。

人人都是短期思維者：現時偏誤

一個經典的行為經濟學實驗是這樣的：請問你願意今天拿100元，還是明天拿102元？你可能會選擇今天拿100元。那麼，你的選擇符合常識，就像兩則在許多種語言裡都有類似說法的諺語所言。第一則是「時間就是金錢」：今天得到的100元，放到明天可以生利息。第二則是「一鳥在手，強如二鳥在林」：不管任何事物，等待都有風險，因為承諾永遠有可能會失信。

今天的100元和明天的102元是初級經濟學問題。我們會用「折現率」（discount rate）來比較現在價值和未來價值：折現率是能同時反映時間和風險的利率。取今天的100元、捨明天的102元，表示你的一日折現率高於2%。換句話說，你付出的耐心和承擔的風險必須有更高的利率來補償，你才會願意等待。例如，如果102元這個選項換成150元，你更可能會選擇等待。

到目前為止都沒有問題。問題在於我們的折現率並不是始終如一。我們現在用同樣的數字，但是改變日期。你願意在一年後得到100元，還是在一年又一天後得到102元？對大部分人而言，這是個連想不用想的問題。如果我們已經要

等那麼長的時間，多等一天算什麼？我們或許還能多拿2元呢！

　　這種想法看似自然，甚至不言可喻。但是它其實不合邏輯。如果你在第一個情況下選100元，在第二個情況下選擇等待後的102元，那麼，你的折現率為什麼會隨著時間改變？更簡單的問，如果你願意為了多拿2元而多等一天，那麼為什麼現在就不等？或者換個更能凸顯這個矛盾的說法：在經過整整一年之後，第二種情況下的選擇不正是和第一種情況下的選擇一模一樣（都是「今天或明天」）嗎？

　　一如這個實驗所顯示的，當其中一個選項牽涉當下，我們的耐性會低很多。今天要做決定時，我們更可能選擇一鳥在手，但是對於未來發生的事情，則比較可能選擇二鳥在林。這個傾向稱為「現時偏誤」（present bias），並且已經廣為證明。例如，塞勒在一項類似前述的實驗裡，請受測者做以下選擇：現在就拿到15元，或是在未來得到更高的金額。未來的金額要多高才能說服你等待？如果付款延遲十年，答案的中位數為100元；如果是延遲一個月，是20元。這些數字看似沒有奇怪之處，但是從經濟學家的觀點來看卻很荒謬：十年期間所隱含的折現率是19%，但是一個月期間的折現率卻是345%。

　　現時偏誤有個更明顯（也更熟悉）的例子就是自制力問題。人類難以抗拒甜點、戒菸，或是早起去健身房運動，雖然我們預期這些優質行為能給我們未來利益。許下新年願望、清空我們放糖果和香菸的櫃子，或是加入健身中心都簡單得多。我們做這些事等於對自己承諾，我們明天要努力，好在後天享受利益。這份努力，正是我們拒絕今天去做、明天就享受同樣利益的事。我們完全能夠保持耐性……只要不必現在就去做！

　　如果我們結合現時偏誤和前面章節討論過的損失規避，就會開始理解短期主義的行為基礎。還記得，在我們的成本效益分析裡，「損失」的權重比相同規模的利得還高。事實是，當我們要在現今和未來之間做取捨時，現今比較占上風。選擇今天的損失以希望獲得明天的利益，顯然是非常不討喜的主張。宣布未能達成短期目標，會被解讀為損失；即使能用長期的計算來解釋，還是會被視為挫敗。由此造成信用和聲譽的損失，可能會成為無法承受之重。

　　短期主義也是第五章所描述的慣性陷阱的成因，因為慣性會鼓勵我們延遲做出困難的決定。選擇停止承諾升級是做出這種困難決定的例子：要出售（或結束）衰敗的事業單位、中斷一個沒有成果的專案，就是創下一個失敗紀錄。即

使當下的損失能在未來帶來利益（或是避免更大的損失），
損失規避和現時偏誤都會讓這個決定變得莫名的困難。

　　這全都是人性、非常人性……人性到我們忍不住（又
來了）用善與惡、英雄與惡棍來表達這個問題。例如，美敦
力（Medtronic）前執行長比爾‧喬治（Bill George）在談論
到執行長時說：「優秀的執行長有勇氣不屈服於追求短期利
得的外來壓力，而是追求長期利益。」

　　這個有「勇氣」的「優秀的執行長」與「屈服」的遜咖
凡人之間的對立，說起來多麼簡單！但是要處理這個問題，
需要的不只是道德宣言。管理時間長短的困難，不只是資本
主義之惡，也不只是某些執行長的道德衰敗。這是人的天
性。

本章總結：時間範圍陷阱

- 短期主義不只是意味著把股東利益放在其他利害關係人的利益之上；也意指為了立即的獲利而犧牲長期的獲利（**管理短視**）。
    - ▶ 就連投資人也為此憂心（貝萊德）。
    - ▶ 上市公司比私人公司更注重短期效益。

- 然而，股市壓力不足以解釋短期主義：**股價也反映長期成果**。
    - ▶ 有些公司會設法改變股東組成，轉向長期投資人，例如決定取消盈餘指引。

- **現時偏誤**反映的是我們在時間偏好上的不一致。
    - ▶ 從今天到明天，感覺比從現在到一年又兩天之後還長：我們的折現率並非恆常不變。

- **短期主義**是損失規避加上現時偏誤的結果。
    - ▶ 許多經理人為了避免沒有達成盈餘目標（被認為是損失），漠視能創造長期價值的投資。

8

群體迷思陷阱

每個人都在做，我為何要與眾不同？

世俗教導我們，因循傳統而失敗的名聲，

勝過打破傳統而成功。

——凱因斯

　　1961年，美國總統甘迺迪在就職後不久，批准一千四百名由中情局訓練的流亡古巴人入侵古巴。他們在豬玀灣的登陸戰一敗塗地，反卡斯楚勢力幾乎都被殺身亡，或是在幾天內遭捕入獄。這是美國歷史蒙受羞辱的一刻。

　　後來許多歷史學家指出，這場慘敗和運氣不好一點關係也沒有。幕僚提給總統的計畫到處充滿矛盾。首先，這項計畫根據的假設就站不住腳，特別是以為古巴人會把入侵者當解放者般歡迎的想法。總統和他身邊那批享有當代最聰明、最優秀聲譽的幕僚，怎麼會做出結果如此慘烈的決策？或是套用甘迺迪自己問的一句話：「我們怎麼會那麼愚蠢？」

　　同樣的問題也適用在我們目前討論過的糟糕決策案例。為什麼沒有人按下警鈴，煞住失控的列車？這些公司的董事會怎麼無法阻擋價格過高的收購案，或是沒有注意到警訊？

　　為了理解這點，我們必須暫時先跳脫認知科學，繞到社會心理學的世界走一遭。領導者必須承擔最後的責任，但是在組織裡，領導者不是自己一個人做決策。會犯下天大的錯誤，通常是整個團隊造成的。

壓抑異議

甘迺迪總統的特助小亞瑟・史列辛格（Arthur M. Schlesinger Jr.）在回憶錄中提到：「豬玀灣事件之後的幾個月，我在心裡狠狠的罵自己，為什麼在內閣會議室的關鍵討論中保持沉默⋯⋯除了提出寥寥幾個怯懦的問題，我沒有其他作為，而我對此唯一的解釋是，就算有對這個荒謬計畫吹哨子的衝動，也會**在討論的氛圍裡退散**。」（引文裡的粗體字是我的強調標示。）

這段坦誠的告白，是「群體迷思」（groupthink）的最佳寫照。這個詞是威廉・懷特（William Whyte）創造的，但是讓它在多年後廣為流傳的是心理學家艾爾文・詹尼斯（Irving L. Janis）。詹尼斯對群體動力的研究，有一部分就是根據豬玀灣事件決策的研究而來。史列辛格是甘迺迪總統最親近的顧問。他認為那個決策是錯的，也清楚它可能帶來的嚴重後果。然而，這位有名望的知識份子卻只能「提出寥寥幾個怯懦的問題」。他壓抑自己的疑慮，順從群體與領導者普遍的意見。

這個現象的關鍵在於史列辛格所說的「討論的氛圍」。嚴格來說，根本沒有所謂的「群體迷思」：群體本身根本不

會思考；是群體裡的個人在思考。而且群體並非總是趨於一致。我們都曾看過參與討論的人因彼此意見不合而激烈爭辯，有時候討論會淪為個人衝突。然而在豬玀灣的決策裡，群體看似有自己的思考方式，甚至會粉碎與會者的獨立思考。這種同質性從何而來？個人什麼時候會採納他認為在團體裡屬於主流的意見？以及為什麼會如此？

這個主題最早是由心理學家所羅門‧艾許（Solomon E. Asch）在1950年代展開探究。在一系列的著名研究裡，艾許要求一小群參與者完成一項非常簡單的工作，也就是比較一張紙上幾條線的長度，並要他們一個接著一個大聲回答。每一輪最先回答的幾個參與者，其實都是實驗人員安排的，他們會信心滿滿、一律回答錯誤的答案。而最後回答的參與者是唯一、真正的「實驗白老鼠」。他的選擇很簡單：他可以說出眼前的事實，或者屈從於群體的意見（而目前為止群體都同意一個一看就知道不正確的答案）。

即使在今日，這項實驗的結果仍然會讓人跌破眼鏡：大約四分之三的參與者至少有一次選擇順從群體意見，即使他們完全明白自己所說的話與所感覺到的證據相左。群體迷思的力量足以讓他們對集體觀點讓步。

在一群素不相識的陌生人之間，回答一個不需要思考或

判斷的問題，而且正確答案就明擺在眼前，在這種情況下，我們尚且選擇順從集體觀點，那麼當面對一個複雜的問題，而這問題有好幾種同樣可以接受的解決方案時，我們表達的意見容易受到群體影響有什麼好奇怪？而當身邊都是觀點值得敬重的同事，以及經常給我們指引方向的主管時，我們更容易受到影響，這又有什麼好驚訝的？

　　就像面對我們討論過的其他偏誤，我們的智識「免疫系統」會立刻冒出許多異議。我們能想到許多原因，解釋自己為什麼和那些天真、易受操弄的受測者不一樣，並主張自己可能對群體迷思免疫。或許艾許的「白老鼠」特別容易受到左右。又或許他們純粹是為了省事而選擇屈從於群體的意見，目的是避免尷尬：在一場沒有實質利害關係的實驗裡，不值得費事去糾正無能的陌生人。至於豬玀灣事件，甘迺迪總統與他的顧問要不是受到追求自身政治目標的軍事顧問嚴重誤導，還會用同樣的方式做決定嗎？

　　要是這些異議或其他異議正在你腦海裡盤旋，或者你還是懷疑群體的力量能否說服你，下面這個故事或許能讓你重新思考。這一幕發生在2014年的可口可樂公司董事會會議裡。可口可樂的管理團隊提出一項股權薪酬計畫，要求董事會同意。這項計畫相當優渥，事實上，是優渥到至少有一位

屬於行動派投資人的大股東公開高聲反對。他認為這項計畫會大量稀釋股權，還把這項議案定調為股東利益保衛戰，必須力抗管理團隊的貪婪，而這正是上市公司董事會的職責之一。在有其他投資基金加入他的陣容下，他要求董事會拒絕這項計畫。

對於那位行動派投資人我們可能認同、也可能不認同。當然，可口可樂的管理團隊不會認同。但是，這個問題應該要由董事會來解決。就那麼剛好，可口可樂董事會裡有位獨立董事經常批評股票選擇權，甚至稱為「彩券」。他撥了撥算盤，不贊成這項計畫。他這個人一向直言不諱，甚至曾經在CNBC專訪裡表達過他對股票選擇權的看法。有鑑於前述種種，他想必會投下反對票。但是，等到投票的時刻到來，他並沒有投下反對票——不，他是棄權。事後有人問他怎麼解釋這張棄權票，他的答案十分直白：反對股票選擇權計畫「有點像是在晚餐桌上打飽嗝。我的意思是，你不能太常打飽嗝，不然很快就會被請到廚房去吃飯。」

現在，你可能已經想到這位神祕的董事是誰，那就是巴菲特。沒錯，就是群眾爭相聆聽他的「奧瑪哈神喻」、想要從他的智慧中學習、有史以來最偉大的投資人巴菲特！若要說有哪位董事有足夠分量能挺身對抗董事會同僚，非他莫

屬。身為股東的他（當時他持有可口可樂公司大約9%的股權），利益完全與他理應代表的其他股東一致，而不是與管理團隊站同一陣線。然而，即使他相信這樣的薪酬提案不適當，還是不肯打破團體的和諧。他的評論道盡一切：「我愛可口可樂。我愛這個管理團隊。我愛這些公司董事。所以，我不想投否決票。在可口可樂的董事會議裡投否決票多少有失美國精神。」

如果你認為企業治理只關乎在董事會裡召集一群有能力、意志堅定、立場獨立的董事，這件事應該會讓你停下來仔細考慮。不過，你還是可以不以為然，主張巴菲特是在這種公開衝突的情況下做出明智的戰術性選擇。他不去公開駁斥管理團隊，藉此維護穩固的關係，好在日後能謹慎運用這種關係，以促成股權薪酬計畫的調整，讓它變得更能夠讓人接受。在這個特殊案例中，事情後來確實是這樣發展。但是，這不是這類事務運作的常態。巴菲特就說：「在我任職的十九個董事會裡，我不曾在哪一個董事會會議中聽過有人說他們反對〔薪酬計畫〕。」如果那是常態，那麼股東似乎無法寄望董事會有效控管這些計畫。

此外，即使在以和為貴而且沒有明顯衝突的場合，群體迷思也會影響我們。有一家私募基金在檢視內部投資委員會

通過收購案和撤資案的決策流程之後，就得出這個結論。以這個案例而言，所有委員的利益完全一致：所有人都投資這檔基金，而且根據基金績效得到附帶權益報酬。這應該能提供他們做出正確決策的動機才對！保險起見，委員會採取一項規定：一項投資必須在十二名委員當中得到十票才能通過，這幾乎是要所有委員一致同意才能過關。

　　然而，在分析他們過去的投資時，委員會發現他們有時候過度樂觀。這個結果讓他們覺得震驚。因為他們曾經擔心，要求幾乎全體一致同意作為通過條件，可能會讓他們過於審慎，把有吸引力的案子擋在門外。有如此嚴謹的規定，他們怎麼還會做出高風險的選擇？

　　只要思考委員會的運作狀況，就能輕易解開這個矛盾。一如所有團隊，追求團體的勝利很重要，但是能自己成為得分者還是最棒的。在這裡，得分的英雄就是提出投資案並且獲得批准的提案委員。今天對同儕提案進行投票的每個委員，明天也會提出自己的投資構想，徵求大家同意。如果他質疑某個同僚的意見，可能會害怕對方報復，否決自己的提案。於是，群體迷思的陷阱就此形成。

　　更糟的是，就像委員會的討論所顯示的，絕大多數的規定，對於限制群體迷思不但無效，反而是雪上加霜。

　　為了理解原因何在，請想像自己是一個心存疑慮的投資審議委員。你知道如果你率先開口提出尖銳的問題，其他人可能會加入（尤其你提出的論點讓人信服的話）。你打破沉默以及沉默所反映的共識默契，也等於為別人打開發言的綠燈。而你知道，只要再多兩個人和你有同樣的疑慮，就能判這個提案死刑！你也知道，提案同事已經為這個案子投入數週時間，而且把部分的個人聲譽都押進去。你真的想要讓別人記住你是起頭討論的那個人嗎？

　　在這個團體裡，以及許多類似的團體裡，都讓人幾乎無法抗拒把對投資議案的疑慮按下不表的念頭，就像艾許的實驗裡、那些實驗對象壓抑自己對線的長度的懷疑一樣。就連有資歷而且利益完全一致的經理人，也可能會選擇保持團體的和諧，而不是表達有事實根據的批判。

看待群體迷思的兩種方式

　　我們描述群體迷思的語彙通常都反映出道德判斷。我們理所當然的認為，屈從於群體迷思的個人，缺乏表達自己意見必要的勇氣。

　　群體迷思有部分確實和社會壓力相關。我們之所以順從多數人的想法，是因為害怕報復。這種報復有時候是有實質作用的，就像那些投資審議委員，會去想自己下一個投資提案會遭受何等對待。更多情況下，報復是象徵意義上的：如果你反對團體共識，一開始會遭到別人的不諒解，然後是討厭，最後是排擠。巴菲特那句「被請到廚房裡吃飯」的玩笑話，貼切的點出這種處境。無論報復的形式是什麼，害怕的人會保持沉默，以避免遭到報復。無論你認為這是怯懦、消極的算計，或是明智挑選戰場的務實主義者的表現（一如巴菲特的例子），背後的機制都是一種社會壓力。

　　不過，在團體裡讓疑慮消音，還有另一個、或許也更為高尚的理由。我們可能會因為對多數意見產生理性調適（rational adjustment）而改變想法。如果一個群體裡有這麼多人都有相同的觀點，他們應該有充分的理由，因此他們的觀點是正確的，這種推論完全合乎邏輯。這種出於常理的推論，已經由法國數學家和政治哲學家孔多塞（Condorcet）用數學證明。在1785年發表的陪審團定理（jury theorem）顯示，如果幾個投票者各自獨立形成自己的意見，又如果每個人的意見為正確的可能性大於錯誤的可能性，這時多數意見為正確的機率會隨著投票人數增加而提高。換句話說，在

這些看起來相當合理的條件下，多數愈多，多數就愈可能是正確的。

　　以管理團隊的例子來說，如果每個同事的意見正確的可能性高於錯誤的可能性，這是非常合理的假設。（若非如此，你可能要開始找別的工作。）這點不但在一般情況下成立，也適用於特定問題：如果你相信這位同事有能力、有知識，而且對你們所討論的主題有豐富的學養，那麼你當然會比較重視他的意見。史列辛格理所應當的認為，其他同意入侵豬玀灣的與會者（當然，還有如此建議的將軍們），都掌握他不知道的相關資訊與分析。同樣的，在那個將絕對多數決條件視為防火牆並用來防範高風險投資的私募基金中，投資審議小組委員明白，投資案的提案人是相關產業的專家，也盡職的針對投資標的進行過查核，做足功課。對於在當時是第一次閱讀提案的通才型委員來說，聽從提案者的判斷，也是相當合理的事。

　　在這些情況下，團體的熱情重於個人的疑慮，可能完全合乎理性。*當你是會議裡的少數意見，並選擇保持沉默，這可能是因為你知道自己一開始的觀點是錯的。採納多數意

---

*　一個人會根據他人意見而理性的改變自己意見到什麼程度，有可能透過量化方法來測定。我們會在第十五章回頭討論這個主題。

見不見得是軟弱的表現：它可能是理性的選擇。

那麼，個人贊同多數，是出於社會壓力或理性調適？哪一種動機比較強烈？群體迷思之所以有力量，就是因為這兩種機制緊密交織。或許有少數人是有意識的選擇不說自己的疑慮和問題。但是，大部分接受多數觀點的人，其實是真的改變了想法。隨著群體共識浮現（以及相對應的社會壓力增加），他們真心相信自己聽到的論述。到最後，他們並不是壓抑疑慮，而是已經化解疑慮。他們有充分的理由解釋為什麼改變想法。這不是怯懦，而是智識上的誠實。

資訊瀑布與群體極化

典型的群體迷思會讓異議噤聲消音。群體會朝某項已經存在的意見靠攏。但是，在一些情況下，群體迷思會更進一步鞏固多數意見。

要理解這點，我們可以想像現在有一場管理會議，與會者輪流表達對某項議題的立場，例如是否贊成一項投資提案。所有與會者都會進入我們前面所描述的「理性調整」過程。如果第一個發言者贊成投資，那麼第二個人在發言時也

會考量到這項意見。而第二個人如果是先發言的人，他或許會表達一些疑慮。但是，同事的發言增強第二個人的信心，他現在有點想毫無保留的同意投資案。接著，輪到第三個人。有鑑於前兩個同事都抱持正面意見，所以他也比較傾向贊成這項計畫。依此類推下去：在一個完全理性的方式下，每個人都會調整判斷，把前面的人所表達的意見納入考量。這就是「資訊瀑布」（information cascade）。

資訊瀑布有兩個重大影響。如果你曾經主持過會議，你會對第一種很熟悉：發言順序會改變討論的結果。資訊瀑布會讓先發言者的發言分量特別重。第十四章會回頭再討論這個現象，並探討對於想要建立高品質對話的人來說，它可能有什麼實際上的影響。

第二個影響比較隱微：行動完全合乎理性的一群人，可能會犯下許多人單獨進行時能夠避免的錯誤。為了理解這點，我們再回到那個簡化的投資決策例子。每個參與者都會考慮在自己之前發言者的結論。在先發言者全都表示贊成的情況下，假設後來的發言者認為，先發言者贊成該計畫的理由，比自己對提案的疑慮有分量。於是，提案最後獲得大家一致通過。萬歲！

只不過⋯⋯這個一致的決議可能是個錯誤。資訊瀑布

的悲慘就在於，每個人各自合乎邏輯的決定，在群體中卻會造成大災難。在瀑布中的每一個步驟都會流失一些資訊。每個發言者都會克制自己，不要提出擔憂和疑慮，要是把這些擔憂和疑慮表達出來，可能會改變集體的平衡。在群體中，只有部分人掌握的「私有訊息」（private information）沒有說出來，或只透露一部分，因此在討論中比較沒有分量。於是，討論最後只著眼於有說出來的資訊和觀點，而這些都支持群體觀點。總而言之，群體的消息靈通程度不如個別成員的總和。

我們可以輕易看出，資訊瀑布不只導致群體贊同多數意見，也會讓意見更為極端。許多研究顯示，團體審議會同時產生兩種效應：相較於一般成員一開始的立場，群體最後得出的結論通常較為極端。同時，相較於沒有討論時，個別成員對群體結論會更有信心。這種雙重擴大效應（一是結論本身，二是群體對結論的信心強度）就是「群體極化」（group polarization）。

最近的研究顯示，公司董事會的薪酬委員會在討論執行長的薪酬時，這種現象會溜出來作祟。無論好壞，大部分公司都會參照基準指標來訂定執行長的薪酬。這是為了設定參考點：在同個產業裡規模相近的企業中，執行長的平均薪酬

是多少。*然後，薪酬委員會將決定，自家公司執行長的薪
酬應該高於或低於這個參考點。為了評估是否發生群體極化
的現象，研究人員分析委員會成員在他們任職的其他董事會
上的決策模式。結果發現，有些委員傾向支付高於市場行情
的薪酬給執行長；有些則是傾向支付低於市場行情的薪酬。
這個背景會影響他們在下一個董事會的決定嗎？會，而且審
議程序會強化這個傾向！如果董事會成員之前投票贊成支付
高於市場行情的薪酬，審議程序會導致他們支付比過去更為
優渥的執行長薪酬。相反的，如果董事會曾經支付低於相關
參考點的執行長薪酬，那麼委員設定的薪酬水準，甚至會比
他們在其他董事會所訂定的還低。薪酬委員會的審議程序強
化成員的最初偏好。群體則因為審議程序而走向極化。

　　群體極化經常導致的另一個現象是承諾升級（在第五章
曾經敘述過）。一般而言，承諾升級不是個人造成的，而是
因為團隊，甚至是整個組織。交由群體決策時，承諾升級不
但更常見，還會更強烈。

---

* 　與業內同儕比較來設定執行長薪酬，這個做法尚有辯論的空間，不只是因為它非
　常容易受到群體極化影響，顯然，執行長都堅信自己的表現高於同儕團體的中位
　數，而許多董事會似乎也認同這個看法。這種做法或許是經理人薪酬在最近數十
　年來升高的重要驅動力。

群體迷思與企業文化

可想而知，所有群體的發展都因為文化的同質性而更加嚴重。對於同儕判斷的尊重，在受到認同時只會變得更強烈；而讓我們覺得必須聽從同儕意見的社會壓力，也會因為強烈的共同價值觀而增強。因此，同質性會強化群體迷思的兩部引擎。許多實證研究證實，群體成員認同共同的組織文化時，更容易把疑慮壓在心裡，因極端意見而極化，並固執的堅守一條死路。

組織裡的一群人做出他們每個人不會做成的有害決定，由此可以看見群體認同的影響力，這個問題通常被描述為「有害文化」。其中一個例子就是富國銀行（Wells Fargo）：這家在美國排名前幾大的銀行，自2016年開始爆發持續好幾年的危機。銀行鼓勵員工藉由「交叉銷售」增加業績，對客戶賣愈多金融產品和服務愈好。可是，銷售是難事，而瞞著現有客戶在他們的帳戶增開儲蓄帳戶、信用卡、附加保險和其他服務要容易得多！富國銀行的員工只要有機會，就會用假電郵信箱、假密碼和假地址作弊，開設了數百萬個假帳號。有些人甚至偽造顧客的簽名。

顯然，幾乎所有人都知道（每個銀行員工當然也應該知

道）這是違規的做法。然而，這些做法在富國銀行非常普遍：那裡有三百五十萬個假帳號，至少有五千三百名員工必須離職。截至2018年末，富國銀行已經支付大約三十億美元的罰款與和解金，而且還要面對加起來可能高達數十億美元以上的罰金和懲處。以這樣的規模來說，我們在談的已經不是幾顆爛蘋果，而是一整桶爛蘋果：關於富國銀行的報告，充斥著員工對其「有害的銷售文化」、「割喉企業文化」和「文化問題」之類的描述。

　　但是，我們在談的「文化」，指的究竟是什麼？當然，首先是銀行設置誘因，鼓勵員工拉高業績。幸好，不是所有背負業績目標的員工都違法。「有害文化」要能成形，光有誘因是不夠的。當每個人可以輕易在周遭看到踰矩行為時，問題才變得猖獗。當許多尊敬的同儕都採行異常的做法，尤其是你的老闆也這麼做（或是當做沒看到），異常就變成正常。群體迷思會把偏差正常化。讓違規變成規則。「要是每一個人都在做，我為什麼不做？」

　　參與同樣企業文化的人、觀察到偏差行為的人，還有掉入群體迷思的人，這些都是公司向下沉淪的要素。當群體迷思不只存在於一家公司，而是整個產業，或者所有市場經濟的參與者都開始有同樣的思維，向下沉淪就會變成投機泡沫

或系統危機。

　　關於群體迷思所造成的破壞，這裡還沒有全部道盡，不過已經足以說明嚴重錯誤的重要社會面向。

　　或許你也注意到，這些錯誤裡還有另一個重要元素：偏離組織目標的個人誘因。這是下一章的主題。

本章總結：群體迷思陷阱

- **群體迷思**會導致掌握最充分資訊的參與者，把內心的疑慮按下不表。
  - ▶ 甘迺迪針對失敗的豬玀灣入侵事件表示：「我們怎麼會那麼愚蠢？」
  - ▶ 巴菲特說：在董事會投否決票就像是「在晚餐桌上打飽嗝。」

- 群體迷思是**個人的理性選擇**：部分是因為社會壓力，部分是因為把他人意見納入考量是合乎邏輯的行為。

- 但是，它對群體有害，因為它剝奪有用的私人資訊。

- 群體也會擴大多數意見：**群體極化**。
  - ▶ 極化也會強化承諾升級。

- **同質性**（共同文化的表現）加劇群體迷思。
  - ▶ 可能造成道德沉淪：「要是每一個人都在做，我為什麼不做？」

9

利益衝突陷阱
我相信自己絕對公正

如果一個人是靠搞不清楚某件事來領薪水，
那麼你很難要他弄懂那件事。

—— 厄普頓・辛克萊（Upton Sinclair）

　　個人利益會影響決策，這當然不是什麼新觀念。當我們聽到事情出差錯，第一個浮現在腦海的解釋，通常都與這件事有關。2008年的金融危機，不就是因為一群受到自身薪酬結構影響的銀行家所造成的嗎？拍板高風險收購案的執行長，最關注的不就是擴張營運版圖、吸引媒體的注意嗎？拖延艱難改革的政治領導者，難道不是因為以連任為首要考量嗎？

　　這些問題的答案似乎都不言而喻。亞當・斯密（Adam Smith）在1776年寫到當時所謂的「股份有限公司」，認為「這類公司的董事……管的是別人的錢，而不是自己的錢，我們不能指望他們會費心守護別人的錢，像私人合資公司的合夥人為自己的錢操煩那般的警覺。」

　　亞當・斯密的評論與現在所說的「代理理論」（agency theory）相互呼應。它也稱作「委託人－代理人模式」（principal-agent model），指的是「委託人」授權給「代理人」的情況：執行長是股東的代理人；員工是領導者的代理人；民選官員是「我們人民」（We the People）的代理人。代理理論認為，由於委託人與代理人的誘因並非完全一致，加上雙方所掌握的資訊不同，從委託人的觀點來看，代理人所做的決定並非是最佳決定。由於這些見解，使委託人與代

理人之間的最佳合約架構有了重大的發現。也拜這些看法所
賜，經理人的績效應該只根據他們為股東創造的價值來評量
（並給予獎勵）就成為普遍的觀念。

　　代理理論的觀點向來與我們理解人類行為時的想法相去
不遠。我們通常理所當然的認為個人極盡自私、不信任他
人。人們抓住每一個機會，以犧牲自己服務的機構為代價來
追求個人的利益，而把公共利益沉入「自私算計的冰水裡」
（套用馬克斯的名言）。矛盾的是，這個普世接受的解釋通
常是正確的，但如同我們稍後會看到的，這其實不是非常充
分的解釋。

人間沒有天使

　　許多研究為商業世界的委託人－代理人模式提出實證支
持。經理人不是天使。企業領導者的策略選擇與他們的個人
利益之間有清楚的連結。例如，擴張企業規模似乎符合他們
的激勵動機（財務面與情感面都有），即使此舉會損害股東
價值的創造。這個通常稱為「擴張版圖」（empire building）
的現象，當然會造成收購價格過高的問題，桂格收購斯納普

就是其中一個例子。

　　類似的緊張關係也經常出現在公司的管理團隊內部。慣例上，高階主管的財務誘因結構是以他在公司所管轄部門或單位的績效為根據，而不是公司整體績效來衡量。即使不是這樣，在沒有直接的財務誘因作用下，主管還是會為自己的單位或部門謀求利益。許多公司都期望、甚至鼓勵主管這麼做，捍衛自己單位或團隊的利益，似乎成為自身計畫的信念、個人的承諾、甚至是領導力的象徵。這種企業政治學並不是組織的病態，而是生活的現實。

　　在我們檢視過的幾個錯誤裡，企業政治生態是根本原因之一，尤其是牽涉到損失規避時。還記得在第六章討論過的風險承受問題，我們看到經理人很少選擇倡議風險投資，而由此所產生的風險規避程度，總體來看是不理性的。這種行為的一種解釋就是，個人規避損失時所著眼的「損失」，與公司需要而規避的損失不同。對於經理人來說，公司可能會損失的金錢是次要的，最重要的仍是如果計畫失敗了，自己會很丟臉。這個挫敗會對他的信譽、聲望和職涯造成什麼衝擊？一次挫敗之後，公司還能繼續生存並迎向其他戰役，但是經理人的名譽經不起一次毀壞。

　　最後，委託人－代理人的邏輯有助於解釋偏差行為。在

富國銀行，我們看到員工的銷售目標是導致醜聞發生的重要因素。在其他大規模違規事例裡，從股票選擇權回溯、反競爭串謀行為，到引擎排放物檢測數據的操縱，財務誘因永遠占有一席之地。

不信任心理的限制

應該沒有幾個讀者會對這些現象感到訝異。經理人可能會禁不住誘惑，把私利置於公司利益之上，這個概念如此顯而易見，以致於啟發了普遍接受的管理實務慣例。比方說，個人財務誘因與企業成功要趨於一致，通常被認為是打造高效能組織的必要前提（而這也是正確的想法）。

比較不明顯的是，採取委託人－代理人模式，會影響領導者聽取他人建議和意見的方式。任何經理人都知道，自己應該有心理準備，同事在某個程度上會追求自利。經理人應該隨時自問，坐在對面的人在打什麼算盤。經理人經常自豪自己能夠不受自利或自我推銷的主張所愚弄。對大型組織裡經驗老到的經理人來說，這種防範心理已經變成第二天性。

這種輕微不信任他人的氛圍會造成一種矛盾的安全感：

我們通常假設，只要我們知道一個人的利益何在，自利就是一個容易應付的問題。由於經理人通常熟知同事的動機為何（或至少認為自己知道），所以相信自己完全能夠看出同事的政治操弄。

然而，認為經理人是理性、甚至不信任他人的代理人，這個普遍接受的觀點也遭到強烈反對。在非正式的觀察與嚴謹的實證研究中，都有充分的證據顯示，個人的行動並不會完全出於自利動機。事實並不支持人符合「經濟人」原型（homo economicus，或是「Econ」，這是理查·塞勒對這個虛構人物的稱呼）的主張，也就是將謀求個人利益作為行動唯一的動機。

一個明顯的反例來自「最後通牒賽局」（ultimatum game）研究。這個實驗設定，是讓兩個參與者分一筆錢：由第一個人建議分法，第二個人可以同意，也可以拒絕。兩個人的角色是隨機指派，如果第二個人同意，兩人就按照第一個人的提議分配金額，但如果第二個人拒絕，兩人什麼都拿不到。

如果提議方是一個追求個人利得極大化的經濟人，那麼他應該提議自己拿比較多。而同樣身為經濟人的回應方也應該會接受任何比例的分配，無論他能拿到多少：因為無論他

得到多少，都比拒絕後兩個人什麼都沒有好。然而，實際情況並不是這樣發展。一般來說，擔任提議方的參與者，提議的分配都相當均等。相反的，要是他們表現得像自私自利的經濟人，為了自己的利益而提出非常不均等的分配比例，大部分的對手都會否決提案。對手會毫不猶豫的放棄自己的財務利得，藉由否決提議，來「懲罰」拿翹的提議者。這些實驗結果多次重覆出現，值得注意的是，即使是在低收入國家，實驗涉及的金額總數相當於參與者三個月的收入時，結果也一樣。

　　幸好，最後通牒賽局以及其他許多日常觀察所透露出有關人性的訊息，都還算讓人安心：我們的行為並非完全由我們立即的財務利益所驅動。我們的行為還會受到其他考量影響，像是公平或是維護個人名譽的欲望。顯然，相較於一個由素昧平生、日後也不會再見面的陌生人所參與的遊戲，這些因素在組織環境裡會更為重要。因此，認為所有主管和經理人在任何時間、所有情況下都會為自己的個人利益而行動，這是一個過度簡化的假設。

有限道德與自利偏誤

　　這是否表示我們可以不用理會財務誘因的重要性？完全
不是這樣。儘管財務誘因不是我們唯一的動機，但是最近的
研究顯示，財務誘因對我們的影響，可能比我們知道的情況
更為強烈。即使我們不是全部的行為都取決於財務誘因，我
們也無法對它的影響力免疫。不過，財務誘因對我們行為發
揮作用的方式，與我們一般可能的想像相當不同。我們觀察
代理人排序個人利益的輕重時，通常以為他們是刻意為之。
我們假設這是他們對誘因的「反應」，也就是說他們是有意
識的盤算哪種行為對自己最有利。然而，現在許多研究人員
對此主張一種非常不一樣的觀點。他們相信，人通常沒有能
力抗拒財務誘因的影響，就算他們真的打從心底想要抗拒也
一樣。

　　這點在專業工作者身上就可以看得出來。專業工作者有
義務把客戶的利益置於自身利益之上，他們本身也有這樣的
意念，並且真心相信自己如實履行。但是在真實的世界裡，
實證顯示他們的利益會影響判斷。例如，律師有義務為客戶
提供最有利的建議；但是以勝訴賠償金的抽成為報酬的律
師，通常會建議他們的當事人迅速和解，然而按鐘點計費的

律師，則偏向採取訴訟。同理，所有醫生都認為自己的建議是最適合病患的治療方法，但是當外科醫生的收入取決於開刀台數，他們更偏向建議手術治療，而不是醫藥治療。看同一份財報的稽核師，結論卻會因為得知財報是否屬於客戶的公司而有所不同——當然，是客戶的公司會更常通過審核。

這種形式的偏誤，連企業經理人也無法免疫。在參加策略性決策時，部門主管可能是真心相信（不是假裝相信），自己的單位值得分配到更多資源。無論是否受到財務誘因的影響，對人、品牌或地點的情感依附，可能也會影響他的判斷。

這種行為並不是一個經濟人有意識的追求個人最大利益。一般來說，沒有跡象顯示，稽核人員刻意做假帳來討好客戶，或是醫生刻意誤導病患。大多時候，問題是出在這些人是完全真心的。根據麥克斯·貝澤曼（Max Bazerman）與唐恩·摩爾（Don Moore）的說法，「有限道德」（bounded ethicality）〔對應經濟學裡的「有限理性」（bounded rationality）〕所描述的，就是「造成高尚的人不知不覺涉足不道德行為的認知偏誤」，這通常稱為「自利偏誤」（self-serving bias）。

這種分析很容易被斥為天真。我們怎麼知道這些人的行

為是真誠的，而他們誠實的錯誤只是剛好符合自身的利益？我們怎麼能確定他們不是睜眼說瞎話而已？

　　這些疑問可以從人性偏誤發揮作用的研究裡找到解答。就從第一章討論過的確認偏誤開始講起。不難看出，我們所做的第一個假設是符合我們利益的假設。接著，在沒有意識到這點的情況下，我們嚴格檢視與假設矛盾的資料，自動接受驗證假設的證據。由於我們沒有意識到這種扭曲，我們還是會相信自己是以完全公正的態度在檢視事實。

　　另一個影響我們道德判斷的偏誤涉及「作為」與「不作為」的差異。比起自己做出應該受到譴責的事，讓其他人做同樣的事，即使我們會因此從中得益，我們受到的怪罪也比較少。有一項研究就說明這個差異：研究人員請受訪者評估一家藥廠利用獨占地位大幅提高藥價的行為。可想而知，他們竭力譴責該公司。然而，如果藥廠把專利賣給另一家藥廠，即使知道買家會因此把藥價訂得更高（才能回收購買專利的價金），受訪者卻覺得可以容忍賣家的行為。

　　同樣的機制也能幫助我們理解，管理團隊的集體決策模式為什麼會讓團隊領導者做出拙劣的決策，如同我們在群體迷思的案例裡看到的。他們自己不會做出那種決策，但是由於不作為而造成那種決策，在道德上並非無法接受。這有助

於解釋，為什麼我們很少看到經營管理團隊成員為策略歧見而辭職。

我們還可以找到更多例子，說明偏誤如何不斷扭曲我們對現實的解讀，以朝對我們有利的方向解讀。只要判斷有任何模糊空間（困難的決策永遠有模糊空間），我們就會選擇符合我們利益、又足以說服他人（和我們自己）相信我們沒有刻意扭曲事實的推論方式。丹·艾瑞利以讓人印象深刻的一句話總結這種行為：「我們的欺騙水準，會讓我們能夠維持相當誠實的自我形象。」

有其他實驗進一步證明這種自利偏誤的「真誠」本質。2010年的一項研究裡，神經科學研究人員付錢請參與者評估當代畫作的品質。有些畫作在展示時，旁邊有企業標誌。當參與者得知，有這家企業贊助這項實驗，所以他們才能領到參與實驗的補償金，這時參與者對擺在企業標誌旁邊的畫作，就會表達較高的評價。參與者的判斷因此受到左右，即使他們與那家公司並沒有其他互動，而且公司只是贊助實驗，並不是直接付款給參與者。

這項實驗有意思的地方在於，研究人員不只是口頭詢問參與者對藝術品的評價，參與者是在功能性磁振造影機器裡表達他們的美學意見。因此，研究人員可以觀察到，在展示

企業贊助的畫作時，與藝術喜好相關的大腦區塊確實有反應。贊助企業營造的正面形象，以類似第二章所討論的光環效應的方式，轉移到與企業相關的畫作上。當事人似乎不是出於禮貌（或偽裝），而是真心的更喜歡這些畫作。

錯誤的診斷，錯誤的補救

　　根據自利而做決策的人，是出於真誠而這麼做，而這種潛意識的自利偏誤，和有意識的自利算計不同，理解這點的重要性何在？重要原因有二：對自利偏誤的誤解，會使我們誤判受到自利偏誤影響的人；此外，我們會因此採用無效的措施去防範自利偏誤的影響。

　　首先，對於陷入利益衝突的個人，我們對他們行為的判斷，會因為我們認為他們的決定是否出於意識而徹底改變。如果我們認為前文例子裡的律師、醫師和稽核師是在說謊，如果我們相信他們是有意識的改變決定，目的是追求自己的所得最大化而犧牲客戶和病患，那麼我們應該會覺得他們應該受到譴責。而由於我們不認為自己會這麼腐敗，於是相信自己在同樣的處境裡也能夠拒抗誘惑。

這種推論的一個例子，就是已故美國大法官安東寧·史卡利亞（Antonin Scalia）。有一次，史卡利亞面臨一個選擇：他必須決定自己要不要迴避一件與副總統錢尼（Dick Cheney）有關的案件。大法官和錢尼的關係友好，好到他在三週前曾經到錢尼的莊園獵鴨。史卡利亞拒絕迴避案件，而且寫一份長達二十一頁的備忘錄，為自己的決定辯護。就像我們大部分人一樣，他相信自己在判決時，能夠放下任何友誼或自利心理。也如同他所寫的：「如果認為最高法院大法官可以如此廉價的被收買是合理的想法，那麼這個國家的問題比我想像的還要嚴重。」

身處於利益衝突情況的人，通常也會發出同樣的不平之鳴：「我沒有那麼輕易被收買！」許多醫生因為別人認為藥廠業務人員留在他們桌上的小禮物可以左右他們而動氣。許多研究人員真心相信自己的研究結果絕對不可能受到資助企業的影響。就像貝澤曼和摩爾所說的：「在這些行業裡，大部分從業人員都同意，利益衝突存在……然而，認為自己對這種利益衝突的影響免疫的，也同樣是這一群人。」

理解自利偏誤會讓我們有截然不同的分析。如果我們無論怎麼努力都無法放下利益，那麼它無可避免會影響我們的判斷。我們無法確知，要是當時案件的當事人是別人，史卡

利亞大法官的判決是否會有所不同（他與多數意見站在同一邊，投下對錢尼有利的票），但是我們有充分的理由懷疑有這個可能。建議他自行迴避這個案件，並不是暗示他容易被收買，而是他的判斷或許會改變。他不是有罪推定的蓄意犯，而是非自願錯誤的潛在受害人。他應該是最想要避免自己落入這種情況的人。

低估自利偏誤的力量還有另一個後果：相信透明化能夠有效防止利益衝突，但是這種信念不但沒有幫助，甚至會造成反效果。在各個國家，許多行業都有揭露規定。例如，財務分析師必須揭露他們對於自己所研究企業的持股情況。醫生必須說明自己與醫藥業的任何關聯。政治人物必須揭露競選活動的捐款人。研究人員必須明列資金的來源。

然而，這些提高透明度的措施是一把雙面刃。它們或許能嚇阻少數惡劣的人，不敢對自身的自利行為睜眼說瞎話。然而，從邏輯上來說，它們無法改變完全誠實、真心相信自己不受影響的人的行為。

更糟糕的是，有些研究顯示，揭露規定根本無法減少利益衝突，反而使情況更糟。當事人顯然會因為揭露自身的利益衝突而感到「解放」，似乎更不把保持客觀的需求放在心上。

　　就像群體迷思，自利偏誤很容易被誤以為是道德弱點，或是蓄意踰矩。然而，它的傷害正是因為它多半出自無意識。就像群體迷思的導火線並不是（至少不一定是）個人因懦弱而刻意屈從於多數意見，自利偏誤的起因也不是（至少不一定是）說謊或欺騙的算計。這就是為什麼光是意識到自利偏誤的存在，不足以解決它所造成的問題。

本章總結：利益衝突陷阱

- **「代理人」為追求自利而行動**，犧牲他們所代表的委託人（委託人—代理人模式）。
  - ▶ 代表股東的董事、代表選民的民選官員等等。

- 企業裡的**政治操作**如此明顯，讓人們認為自己可以輕易排除自利者的建議。

- **除了**我們認為出於意識而故意造成的影響，我們也會在**不自知的情況下**受到自利心態影響。
  - ▶ 受到薪酬影響的律師、醫師和稽核師。

- **自利偏誤**會造成**有限道德**，影響我們的道德判斷。
  - ▶「不道德行為的發生，絕大多數都不是行為者刻意為之。」（貝澤曼與摩爾）
  - ▶「我們的欺騙水準，會讓我們能夠維持相當誠實的自我形象。」（丹・艾瑞利）

- 因此，即使當事人相信自己對利益衝突免疫，**迴避利益衝突的情境**還是有必要的。
  - ▶ 史卡利亞大法官主張他不可能被「廉價收買」，就是沒有明白這個道理。

- **揭露規定**無法消除自利偏誤；有時候反而會雪上加霜。

決定如何做決定

10
認知偏誤是萬惡之源嗎？

人都有敵人，那就是我們自己。

——華特·凱利（Walt Kelly，1913-1973），美國動畫家

　　本書第一部列出九種「陷阱」，也就是企業領導者和組織一再犯下的錯誤。我指出認知偏誤在這些錯誤裡扮演的角色。重點簡單明瞭卻又棘手：我們真正做決策的方式，包括重大商業決策，和我們在學校裡學的那種理想、理論的理性決策模型，其實沒有什麼關係。

　　在本書第二部，我要勾勒出一種把這些偏誤都納入考量的決策方法。但是在那之前，我們先來復習在第一部看到的偏誤，並整理成幾個容易記住的類別，這會很有幫助。

實用的偏誤地圖

　　為偏誤進行分類是趣味十足的練習。畢竟，看到專家們提出看似無窮無盡的分類法時，我們很難不得出這種結論。在《零偏見決斷法》（*Decisive: How to Make Better Choices in Life and Work*）裡，奇普・希思（Chip Heath）和丹・希思（Dan Heath）把偏誤分成四組，稱為「決策四惡」（four villains of decision making）。悉尼・芬克斯坦（Sydney Finkelstein）、喬・懷德海（Jo Whitehead）和安德魯・坎貝爾（Andrew Campbell）也提出偏誤的四種類別（當然不是

同樣的四種）。康納曼和特沃斯基在1974年提出的那篇開創
性的論文裡，提到十二種偏誤。貝澤曼和摩爾在決策領域的
權威教科書裡，則提出另外一份十二項偏誤列表。另外，也
有些學者力求詳盡。瑞士作者羅夫‧杜伯里（Rolf Dobelli）
列出九十九項偏誤，包括大量的推理錯誤，內容包羅萬象。
維基百科的認知偏誤清單大約收錄兩百種，彙集成一張閱讀
困難但繁複華麗、廣為流傳的輪形圖。不過，這還只是其中
一小部分。*

　　當然，偏誤並沒有單一、「正確」的分類，任何類型學
的功用完全取決於它能否達成目標。我在本書提出的偏誤分
類經過刻意簡化，目的有三個。第一，記憶容易，幫助讀者
在實務上辨識偏誤（一張落落長的列表，不可能達成這個目
的）。因此，我把偏誤分成五個類型，分類的依據是偏誤的
效應，而不是偏誤背後可能的心理成因（它們人部分無法為
觀察者所見，對觀察者也多半不重要）。第二，聚焦於會影
響商業決策的偏誤，尤其是策略性決策。許多與組織環境較
不相關的錯誤源頭，都刻意排除在外。最後，如此設計分類

---

* 另外一支不同的偏誤類型學，其分類的依據是：利用偏誤來影響行為的方式。最
　知名的就是由英國的行為洞見團隊（又稱「推力小組」）所發展的分類，各項類別
　可以縮寫成MINDSPACE和EAST。

是為了突顯偏誤之間的交互作用，後文會進一步討論這個要點。

　　五大偏誤類型請見第210頁的圖表。附錄一也列出我們討論過的各項偏誤和參照頁數。

　　我們從位於圖表上方的「模式辨認偏誤」（pattern-recognition biases）開始。確認偏誤是這個類型的主角，但是這個群組也包括說故事的力量、經驗偏誤、歸因謬誤，以及其他偏誤。

　　這些偏誤的作用都大同小異：利用我們過去經歷的模式，塑造我們對複雜現實的理解。我們自以為辨識出來的模式，可能只是我們想驗證的假設、故事的發展方向、重要角色的性格，或是其他事物。但是，辨認模式的效應是一樣的：它讓現實看起來更簡單、更說得通，實際上也更容易應付。

　　由於模式辨認偏誤是我們的預設和假設的來源，所以潛藏在我們所有推理的底層。在這裡只舉一個例子：造成寶僑家品挑戰高樂氏以慘敗收場的主要偏誤，就是過度自信的一種。但是，我們能輕易想像得到，提出這項計畫的寶僑家品主管，是借鏡過去成功的產品上市活動，或許連活動也是如法炮製。透過模式辨識的鏡片，搶占漂白水市場似乎與過去

的案例非常類似。但這項活動獨具的特點很容易被忽略，也就是它面臨的是一個大型、具主宰地位、技術高超的競爭者「高樂氏」。沒有這些誤導的類比，寶僑家品或許能夠避免這個錯誤。

接下來，位於圖表兩側的兩個偏誤類型，是兩股相反的力量。第一組是「行動導向偏誤」（action-oriented biases），包括各種過度自信的形式。一般而言，行動導向偏誤會促使我們做不應該做的事、冒不應該冒的險。與此對立的類型是「慣性偏誤」（inertia biases）：這些偏誤正好相反，在應該採取行動時扼制我們的行動，導致我們拒絕應該冒的險。錨定效應、資源慣性和現狀偏誤都屬於慣性偏誤的一部分。

儘管分處對立面，行動導向偏誤與慣性偏誤有時候會並存在同一種症候裡。第六章中「畏怯選擇與大膽預測」的矛盾，就是這種現象。還有其他例子，像是百視達和寶麗來，它們面臨致命威脅時，態度模稜兩可，沒有積極因應，當然是掉入慣性偏誤。但是，它們也展現過度的樂觀：領導者輕信能讓公司傳統核心事業回春的計畫。有些模式辨識偏誤或許也在其中發揮作用。例如，要是你站在百視達執行長安提歐科的立場想一想，在見過網飛之後，你想到的很可能是其他許多被你輕易擊敗（或理應不需放在眼裡）的小型競爭

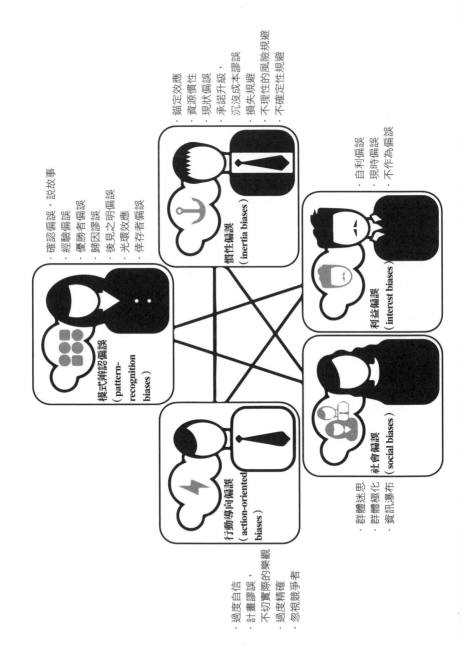

模式辨認偏誤
（pattern-recognition biases）

· 確認偏誤，說故事
· 經驗偏誤
· 優勝者偏誤
· 歸因謬誤
· 後見之明偏誤
· 光環效應
· 倖存者偏誤

慣性偏誤
（inertia biases）

· 錨定效應
· 資源慣性
· 現狀偏誤
· 承諾升級，沉沒成本謬誤
· 損失規避
· 不理性的風險規避
· 不確定性規避

利益偏誤
（interest biases）

· 自利偏誤
· 現時偏誤
· 不作為偏誤

行動導向偏誤
（action-oriented biases）

· 過度自信
· 計畫謬誤，不切實際的樂觀
· 過度精確
· 忽視競爭者

社會偏誤
（social biases）

· 群體迷思
· 群體極化
· 資訊瀑布

者。在這些例子裡，當多項偏誤交疊，似乎全都變得更難以克服。

圖表下方的是最後兩個類型：社會偏誤（social biases）和利益偏誤（interest biases）。所有大錯的鑄成，它們也都有份。例如，在討論法國人被「嗅油飛機」騙局矇騙的案例時，我們把重點放在說故事的重要性。但是，決策者顯然強烈受到發掘高獲利新科技的希望所打動，而他們的閉門討論增加群體迷思的風險。領導者採納的錯誤信念，可能是他們想要相信的信念；而當他們採取實踐行動，通常是因為群體也接納這些信念。

三個關於認知偏誤的誤解

了解這些偏誤很重要，而討論這些偏誤的共同語言更是難能可貴。在《快思慢想》中，康納曼甚至把這列為主要教育目標：他的目標是「讓大家在討論他人的判斷和選擇時所使用的語彙，變得更為豐富」。然而，我們必須謹慎避免倉促做結論。至少有三個誤解會導致關於偏誤的閒談對話走錯路。

　　第一個誤解：到處都看得到偏誤。一旦你對認知偏誤有所理解，你就會忍不住在每個地方都看到它們的影響（或許這是確認偏誤的作用！）然而，不是每個錯誤都是由認知偏誤所引起。有些劣質決策只不過是反映決策者的無能或愚蠢。許多劣質決策都是匆忙和草率的產物。有些推論錯誤和模式辨識根本八竿子打不著關係，而風險計算的錯誤也和過度自信沒有什麼關係。同樣的，不誠實或貪腐的個人所做的選擇，與受到自利偏誤影響的善意決策，更是不能混為一談：無意識偏誤的存在，不能當作有意識為非做歹的藉口或解釋。簡單來說，偏誤種類很多，但是事情出錯有無限多種方式。

　　第二個誤解：在事後把不想看到的結果歸因於偏誤。這個疏失最清楚的例子，就是在事後把過度自信誤認為做出壞決策的原因。羅森維格在《左腦思考，右腦行動》（*Left Brain, Right Stuff*）裡清楚有力的指出，評論失敗的人通常怪罪領導者的過度自信或傲慢。但是，同樣的觀察者遇到命運之神眷顧的決策者，也會不假思索就讚美他高瞻遠矚的領導力。顯然，他們的分析都受到已知結果的影響：在高風險決策發布的當時，評論可沒有這麼犀利。每當我們為一個後來一敗塗地的決策，尋找失敗原因背後可能的偏誤時，就有掉

進後見之明的風險。

那麼，要怎麼知道我們現在沒有掉進這個陷阱？前文在討論強森或斯納普的案例時，我們顯然已經知道故事的結局。我們閱讀的這些故事，是不是後見之明的產物？如果寶僑的衛白漂白水上市成功，我們還會看到對寶僑家品一樣的推論分析嗎？還是正好相反，我們會為寶僑家品領導者的膽大無畏和能力而喝采？我們指出寶麗來或百視達在面臨破壞式創新的慣性，但要是這兩家公司的發展今日仍然蒸蒸日上，我們還會有同樣的批判嗎？

這種反問有一個簡單的解答。這些故事不只是奇聞軼事，它們是原型。第一部用來說明九種陷阱的案例，並不是特例（除了規模有時候是）：它們是頻繁而容易看到的症候代表。它們是範本，反映的是經常發生的情況，以及領導者在這些情況下所做的選擇，如何以同樣可預測的路徑出差錯。

就拿斯納普來說，它不只是一個令人難忘的故事：研究一再顯示，收購者通常會高估收購案的綜效，因而經常買貴。衛白漂白水的上市不只是寶僑家品的故事：沒有完全預期到競爭者可預測的反應，這種市場進入計畫是常態，不是例外。通用汽車對虧損事業單位鍥而不捨無窮無盡的耐心，在成

本和期間上或許是異數，但是有數百家跨國企業都固執的拒絕為失敗的事業拔管。

　　每一次在推想過去的決策裡是否有偏誤在作用時，我們都必須明辨單一事件和代表範例的區別。例如，假設有一項新產品沒有達到目標，而你負責分析這次失敗事件。負責新產品上市的團隊在設定目標時，是否受到過度自信之害？這次失敗是不是單一偶發事件，和任何偏誤都沒有關係？我們是否應該只是單純認為，新產品上市是高風險活動，無可避免會面臨一定程度的失敗率？

　　這些解釋都有道理；除非有明顯的過失，否則我們無法斷定哪個解釋是正確的。要知道新產品的推出是否受到偏誤影響（例如過度自信），我們需要一套統計方法，而不是一個單一故事。藉由分析產品上市的樣本，我們或許能夠發現一些端倪，像是預測在整體上是否過度樂觀。但是，如果沒有這類數據，我們應該克制為特定情況找通例解釋的衝動。

　　第三個誤解：尋找單一偏誤。在實驗室裡，心理學家可以控制特定偏誤以外，其他所有可能影響實驗對象的因素，以確認該特定偏誤的效應。可是，在真實世界裡，某種偏誤是造成錯誤的唯一原因，這種情況非常罕見。無論尋找單一「根本原因」這件事有多麼讓人難以抗拒，但我們之所以會

落入第一部討論的那些陷阱，通常是多個偏誤相互強化的結果。

以傑西潘尼前執行長強森的故事為例，我們指出強森由於過去的經驗，讓他想要在傑西潘尼複製他在蘋果做的許多選擇。但是，這當中可能還涉及其他偏誤。董事會（擴大範圍的話，還包括視強森的天才為蘋果專賣店成功主因的所有人）可能是被歸因謬誤所誤導。強烈的樂觀偏誤也是原因之一：強森（他自掏腰包，出資五千萬美元投資這家公司，這是自信的具體信號）顯然低估要說服年輕、時髦的顧客群到新「jcp」購物所需要的時間。他開除懷疑者，讓自己身邊清一色都是前蘋果主管，也因此在團隊裡創造產生強烈群體迷思的條件。最後，這個故事絕對是承諾升級症候群的例子：即使馬上（而且持續）看到慘不忍睹的結果，管理團隊和董事會都沒有重新考慮激烈的轉型策略，或是策略的執行速度。

在斯納普的例子，以及它所凸顯的收購價格過高這個更廣泛的問題裡，我們也看到分屬好幾個類型的偏誤的綜合影響。開特力的錯誤類比有明顯的模式辨認偏誤。行動導向偏誤導致過度高估綜效。如果談判「錨定」在某個最初的要價，一如經常出現的情況，那麼桂格之所以付出非常高的收

購溢價，慣性偏誤似乎是合理的原因。此外，桂格的管理團隊或董事會當中，或許有部分成員沒有說出對這宗交易的疑慮，這是群體迷思的一種形式。最後，當經理人擴張企業的經營版圖，或是擔任顧問的銀行家是根據交易價格收取費用時，我們當然應該懷疑其中存在自利偏誤。併購是偏誤的地雷區！

總之，不是所有的錯誤都能歸因於認知偏誤。當錯誤看似是偏誤的結果，我們應該謹慎，在握有足夠的證據之前（單一案例不構成充分證據），都不要斷然下結論。務必找出構成原因的所有偏誤，而不是只有最明顯的那個偏誤。

獵尋偏誤

一旦我們了解認知偏誤，並知道如何避免錯認偏誤，現在我們該怎麼處理偏誤？沒錯，一如本書導論所提到的，利用別人的偏誤得利不但深具誘惑力，通常也利益豐厚：那正是行為行銷學、行為金融學，或是動機不同的「推力」的目標。但是，藉由因應我們自己的偏誤，來改善我們的決策，完全是另外一回事。本書後續內容就是要討論這點。

本章總結：認知偏誤地圖

- 一種分類偏誤的實用方法，是把它們分為**五大類型**：
  - ▶ **模式辨認偏誤**（確認偏誤等）會影響我們的初始假設。
  - ▶ **行動導向偏誤**（過度自信等）讓我們做不應該做的事。
  - ▶ **慣性偏誤**（錨定效應、現狀偏誤等）讓我們因不作為而失敗。
  - ▶ **社會偏誤**讓組織任由錯誤發生。
  - ▶ **利益偏誤**進一步矇蔽個別決策者的判斷。

- 然而，**我們不應該以為處處都看得到偏誤**：別忘了，還有無能、輕率、不誠實等因素。

- 尤其是已經知道負面結果，在事發之後才去「發現」偏誤的影響，這麼做隱含著風險。
  - ▶ 本書的例子是一再重現的策略錯誤的代表類型，而不是單一個案。

- **偏誤會彼此強化**：嚴重錯誤幾乎一定會涉及多種偏誤。
  - ▶ 在強森的失敗以及拙劣的收購案裡，我們可以假設此案犯下全部五個偏誤類型。

- **利用他人的偏誤得利**是一回事，處理自己的偏誤又是另一回事。

11
我們能克服自己的偏誤嗎？

為什麼看見你弟兄眼中有刺，卻不想自己眼中有梁木呢？
——《路加福音》6章41節

　　現在你已經知道決策者會掉進哪些陷阱，也了解造成他們掉進陷阱的偏誤，你可能會因此認為自己已經做好避開陷阱的準備。這些不就是我們能夠引以為戒的前車之鑑嗎？我們既然知道某項錯誤，不就能夠有把握自己不重蹈覆轍？這樣問題不是解決了嗎？

　　這正是某些作者的保證：自律能防範自己的偏誤。有些人認為，意識到陷阱就足以避開陷阱——所謂凡事豫則立，有備而無患。有些人保證能幫助我們辨識偏誤風險的信號。還有一位作者解釋他那套萬無一失的方法：「遇到潛在後果攸關重大的情況（也就是重要的個人或商業決策），我在選擇時會盡可能的合理而理性。我會拿出我的錯誤清單，逐項檢查，就像機師一樣。」由於他那張清單條列將近一百個要避免的錯誤，這道程序必然會讓決策延遲相當長一段時間。

　　真相是，我們無法像減重甩肉那樣甩掉自己的偏誤。事實上，想要自己修正偏誤，會遭遇三大問題。

你真的意識得到自己的偏誤嗎？

第一個問題，引用《聖經》故事來說就是，別人的小偏誤，我們一眼就能看出來，但是自己的大偏誤，我們卻看不到。我們就是對它們沒有知覺。

這就是偏誤和單純錯誤之間的重大差異。我們都知道錯誤是什麼；我們犯錯的時候，通常能夠辨識錯誤，並避免再犯。但是，我們幾乎不曾意識到自己身上的偏誤：相反的，我們對自己的推論感到合理、自在、自信。例如，當我們受制於確認偏誤時，不會意識到自己偏重能支持我們假設的數據，而不是尋找與假設矛盾的證據。事實上，我們全心全意尋找能證實我們預設觀點的證據。如果不曾意識到前方有障礙，又怎麼可能學習去克服障礙？

過度自信（容易評量的偏誤）就是這個問題的鮮明寫照。還記得90%的受訪者認為自己是技術名列前50%的駕駛人嗎？如果有機會的話，你可以在一群觀眾面前做這個實驗（只要現場超過十二個人就行）。觀眾舉手時，每個人都可以看到，整體而言，這是一群高估自己的人：認為自己在中位數之上的人，遠遠超過50%。現在，稍等一下，讓尷尬的笑聲停歇，然後再問以下這個簡單的問題：「在過去這幾

分鐘裡，在場有誰對自己的駕駛技術改變想法？誰現在認為自己的駕駛技術沒有比你剛進來時以為的那麼好？」幾乎沒有人會回答「是」！每個人都看得到集體錯誤，但是沒有人改變個人的結論。沒錯，一定有人高估自己，但不是我，是別人！

如果這種統計回饋還不足以消除偏誤，那麼來點更強烈、更個人、更大聲而清楚的回饋如何？有一項研究是針對一群不只駕駛紀錄不良、甚至曾經在車禍後住院的人，而且車禍多半是由於自己的疏失所造成。研究人員發現，這群人和控制組的成員（駕駛紀錄優良的駕駛人）相比，過度自信的程度相同。因駕駛技術差勁而讓自己進醫院的駕駛人，其中有些人甚至在訪談當時還在住院，但是大部分人還是相信自己的駕駛技術優於平均水準！

一如這些例子所顯示的，我們無法指望「留意自身的偏誤」這種提醒能產生實質的效果。即使我們在智識上知道偏誤普遍存在，還是會低估它們對自己的影響。這就叫做「偏誤盲點」（bias blind spot）。一如康納曼的觀察：「我們可能會對明顯的事物盲目，而我們也會看不見自己的盲目。」

要察覺偏誤發揮作用有多難，也解釋了旨在訓練個人在判斷中除去偏誤的介入措施，為什麼成效有限。有個老笑話

是這樣說的：在一部爛電影放映到一半時走出戲院，踩了你一腳的那個粗魯男士，八成是意識到沉沒成本偏誤的經濟學家。但是，這位經濟學家比較有可能是想起他之前忍受一部爛電影直到播映結束的錯誤，而不見得是意識到這個行為背後的偏誤。同一位經濟學家，如果換成其他處境，不一定能意識到沉沒成本。例如，他可能不會比一般人迅速做出決斷，放棄一個沒有希望拿到的博士學位，或是結束一場不快樂的婚姻。

這個例子反映出偏誤研究的一般結論：如果有足夠的訓練，人們可以在特定領域意識到並扺制自己的偏誤。但是，除了少數例外，這種訓練無法提升他們在其他問題和處境下的表現，因為他們無法意識到需要應用所學，除非有人在旁提點。

因此，「常態」錯誤和認知偏誤有根本上的差異。畢竟，如果康納曼只是在哲學家塞內卡（Seneca）身後兩千年再次發現「犯錯是人性」，他還會拿諾貝爾經濟學獎嗎？

修正偏誤，但是要修正哪一個？

我們在前一章曾短暫提及偏誤難以克服的第二個原因：不同於在實驗室裡做實驗，真實世界的狀況從來不是由單一偏誤造成的。錯誤的成因通常包含好幾個偏誤，它們彼此強化，有時候彼此抵消。即使我們成功修正其中一項，也不能保證決策品質就會因此提升。

例如，假設你從經驗得知，你非常容易受到過度自信的影響。你能想出一個簡單的方法，經常提醒自己特別注意這個風險嗎？將自我教育得謙卑，這是多麼實用的方法！

事實上，還真的有人試過這種方法。其中一個就是傳奇廣告大師威廉・伯恩巴赫（Bill Bernbach）：1959年的福斯金龜車廣告「小才是王道」（Think Small），就是他的作品。據說，他的外套口袋裡一直放著一張壓膜卡紙，上面寫著：「或許他是對的。」伯恩巴赫不知道認知偏誤是什麼，但是他非常清楚，自己可能是錯的，就像任何人一樣。由於他在所屬領域被視為天才，有足夠的地位可以自信滿滿的駁回任何異議，於是他意識到過度自信的危險。

但是，他能夠逃過所有認知偏誤嗎？更加關注同事的意見，是否也讓他面臨容忍某種群體迷思的風險？對一些意

見，他選擇祭出「或許他是對的」金句，但有些意見，他卻無動於衷，這是不是犯了優勝者偏誤，聆聽部分同事的想法，多過其他人的意見呢？有意思的是，他的提示卡文字顯示他還不夠虛心，所以沒有想到那個有力的反對者可能是「她」……

但願伯恩巴赫曾經有那麼一些時候，成功的發現自己犯了過度自信的錯。但是，他無法辨識干擾判斷的其他偏誤，更不用說要控制偏誤了。這則自我訓誡的格言，改成這樣可能更為精準：「或許我是錯的。」只可惜，這樣的提醒並不是非常有效。「或許我是錯的，但是錯在哪裡？」

修正你的偏誤，要付出多少代價？

第三個問題或許更重要：就算我們可以克制自身的偏誤，就算我們可以變成完全理性、冷靜、精於算計的決策者，這可能也會是個壞主意！就像我們在第三章討論直覺時所看到的，我們的偏誤是捷思法的副產品，而捷思法是直覺的捷徑，我們在做大部分的日常決策時，它是有力、迅速而有效的方法。而在我們絕大多數的決策上，捷思法都能產生

不錯的結果。

　　以模式辨認偏誤為例。我們根據經驗辨認模式時，就是在運用決策的捷思法。顯然，無論是運用我們過去的經驗，還是依靠類比、培養直覺，這些並非百分之百是錯的。同樣的，行動導向偏誤是實用的捷思法所產生的一種反效果：樂觀通常是有利的。社會偏誤的出現，是捷思法所造成的另一種結果：別人的判斷通常是正確的（因為在許多情況確實如此）。至於捍衛自己的利益（存有自利偏誤的風險），或是重視穩定而不樂見突然改變方向（可能犯下慣性偏誤），也是同樣的道理。

　　聽聞這麼多偏誤所造成的損害，我們很容易忘記一件事，那就是偏誤之所以存在，有其道理：捷思法可能會引導我們誤入歧途，但是也帶給我們不可或缺的方便。康納曼和特沃斯基在1974年那篇介紹「捷思法和偏誤」的開創性論文裡，第一段就清楚表明：「**一般來說**，這些捷思法相當實用，只不過**有時候**會導致嚴重的系統性錯誤。」（引文中的粗體字是我的強調標示。）為了避免**有時候**犯錯而拋棄**一般來說**屬於重要的工具，是非常不划算的。

個人的偏誤，組織的決策

總結來說，意識到自身的偏誤極度困難；我們也無從事先得知要消除哪些偏誤；而就算人有可能成為零偏誤的決策者，其中也是弊多於利。重要的是，我們的偏誤不是想要消除就可以消除的。自助無法幫助你對抗偏誤。

如此多重的挑戰，讓許多專家對於去偏誤的可能性相當悲觀。有一次被問到如何靠自己除去偏誤的可能性時，康納曼答道：「我真的不抱樂觀。大部分決策者之所以信任自己的直覺，是因為他們相信自己把情況看得一清二楚。」寫過多本暢銷書探討不理性決策的丹・艾瑞利也按捺住衝動，沒有向讀者保證有避免偏誤的「祕方」，他承認：「儘管我理解、也能分析我自己犯下部分的決策偏誤，但我還是有犯下偏誤的經驗。我從來不曾完全自絕於它們的影響（如果你想要成為更優秀的決策者，請務必記取這點）。」此外，如果光是知道我們的偏誤就足以提升決策品質，以康納曼和特沃斯基發表第一篇論文已經經過將近半個世紀來看，我們應該早就看到各種決策的品質明顯提升。但是，這麼多年來，決策品質的提升並不明顯——這樣講應該並不過分。

可是，等一下⋯⋯如果我們不可能克服自己的偏誤，

如果偏誤會造成錯誤，那為什麼這些錯誤沒有變得更頻繁？邏輯上來說，如果偏誤有時候、但不是每一次都會引發錯誤，那麼其中必然還牽涉到其他因素的影響。這些因素是什麼？

接下來會看到，這些問題的答案可以帶我們走上可靠、優良的決策之路。這是因為我們要介紹一個目前還沒有強調的重要差異，這個差異存在於兩個層次的分析之間：個人層次與組織層次。

本書目前所討論的偏誤，受到影響的大部分是個人。過度自信、損失規避、光環效應、自利偏誤以及其他偏誤，影響的都是個人的判斷與決策。即使是群體迷思，也只和小型團體有關，例如管理團隊。然而，我們分析的策略錯誤不只是由個人所造成。至於收購價格過高、預算超支、進度延遲或是加碼投資在失敗的分支事業高度頻繁的出現，則是組織的錯誤模式。

一般的討論經常把這兩種層次的分析混為一談：觀察者一再把組織錯誤歸因於領導組織裡的個人。然而，這是危險的過度簡化。個人的特質、優勢和弱點，無法直接放大到能影響組織的行為。比方說，我們都明白，我們無法從組織領導者的平均智商去預測組織做出明智選擇的決策能力；還

有，一家公司或許雇用許多具創業精神與創意的人，卻無法在市場推出成功的創新。

有鑑於此，在把公司或政府的錯誤歸因於個人的偏誤之前，或許應該先三思。我們知道個人會出現判斷的系統性錯誤，但是要解釋組織的錯誤，我們需要檢視個人選擇如何轉化成為組織決策的機制。

反過來說，為了防止組織層次的錯誤，我們必須在組織層次尋找能夠反制、而不是容忍或擴大個人偏誤的決策機制。如同我們討論過的，大部分的去偏誤研究都發現，決策者要靠自己去除偏誤非常困難。但是如果換個方法，著眼於改變決策者所處的環境，而不是自己的推理方式，通常成效良好。

重點是：在我們自身的偏誤以及如何減少偏誤上打轉是浪費時間。要改善組織內部的決策品質，就要從改善組織的決策方法著手。

從這個看似多餘的贅述可以導出一個關鍵結論：如果決策必須是組織的決策，而不是組織領導者的決策，那麼就不能讓這個領導者自己單獨做決策。決策的藝術必然有一個集體面向。在面對策略選擇時，聰明的領導者會仰賴團隊、請教專家、徵詢董事會，並與顧問商談。領導者知道他無法修

正自己的偏誤，但是他相信別人對他的偏誤看得相當清楚，因而能幫助他避免犯錯。即使他是最後拍板定案的人，也絕對不會在決策過程裡獨斷獨行。他會在對抗自身偏誤的個人戰役裡認輸，以求在對抗低劣決策的集體戰爭裡爭取更高的勝算。

　　但是，向多人徵求意見雖然是必要的，卻還不夠充分。要是團體是優質決策百分之百的保證，那麼本書前文所描述的那些錯誤沒有一項會發生。以決策而言，團隊能做出最好的決策，也會做出最壞的決策。

甘迺迪對甘迺迪

　　有個歷史事件鮮明的描繪出集體決策的兩個極端。第八章描述甘迺迪總統的團隊在豬玀灣入侵事件如何做出災難般的決策。然而，十八個月後，甘迺迪以冷靜清晰的思維，成功的化解古巴飛彈危機，而一直到今天，這個事件仍然是協商談判與國際關係的研討案例。這兩組決策的差異不在於團隊的組成，兩個團隊基本上是一樣的。差異在於甘迺迪在第二個事件裡所採行的方法。

　　在徒勞的豬玀灣攻擊事件之後，古巴強化與蘇聯的關係。美國懷疑蘇聯在古巴設置核導彈，而在1962年10月14日，他們確認這件事的真實性。美國東岸所有的城市都在那些飛彈可以輕易攻擊的射程裡。這是美國無法容許的威脅。

　　甘迺迪很快成立一個稱為「國家安全執行委員會」（ExComm）的十四人小組處理這個情況。這個小組要想辦法化解這個危機。ExComm也協助甘迺迪處理他與美國人民、美國的盟友以及蘇聯的最高領導人赫魯雪夫（Nikita Khrushchev）之間的溝通。

　　在豬玀灣危機之初，甘迺迪面臨軍隊提議的二擇一選擇：什麼都不做，或是入侵古巴（許多顧問都贊同入侵計畫）。在古巴飛彈危機中，甘迺迪採納弟弟羅伯‧甘迺迪（Robert F. Kennedy）所提出的另一種方法：在根據羅伯的回憶錄所拍攝的電影《驚爆十三天》（*Thirteen Days*）裡，羅伯‧甘迺迪這個角色這樣說：「我們有一群聰明的人。我們把他們關在同一個房間裡，狠狠的修理他們，直到他們想出一些解決辦法來。」ExComm找出在不行動與進攻這兩個極端之間的其他解決方案，包括海上封鎖，後來證明具有決定性。

　　ExComm的成員同心協力，評估各種不同的選項。根

據這場危機的歷史學家所言，在發現飛彈之後的頭幾天，ExComm傾向採用「強硬」方案，後來才逐漸放下這些構想，採用一開始由國防部長羅伯特‧麥克納馬拉（Robert McNamara）所提出的封鎖措施。雖然有些成員明白表示反對，但是總統漸漸被這個方案的優點所說服。

討論很激烈，有時候峰迴路轉，橫生意外的轉折。在空襲看似成為主流選項時，國務次卿喬治‧包爾（George Ball）以一個反直覺的比喻勸退：他把攻擊古巴計畫和美國在二十年前遇到的珍珠港突襲事件相提並論。他藉此迫使同僚們從敵方以及國際輿論的觀點，考慮空襲行動的後果。

在危機期間，從深具影響力的羅伯‧甘迺迪到其他大部分的ExComm成員，都在某個時點改變觀點，不只是因為新事實出現的關係（例如，透過與蘇聯外交官的祕密聯絡人），也是因為他們對於各種選項的成功機會和後果的判斷也隨之演變。甘迺迪指派兩位顧問扮演「智識看門狗」的角色（眾所周知這是「魔鬼代言人」的另一個名稱），挖掘考慮中的計畫弱點。對每一項計畫持續不斷的熱烈辯論，是找到危機解決方案的關鍵。

古巴飛彈危機的管理是成功團隊合作的經典範例。這個團隊的行為表現與決定豬玀灣入侵行動的團隊截然不同，雖

然兩次的團隊成員組成大同小異。它避免倉促決定。它堅持不做二選一的決定，並研擬、考慮幾種可能。它鼓勵大家針對這些選項和可能的組合表達多元、相互衝突的觀點。它接受成員可以改變想法。它也蒐尋資訊，來評估每個選項可能引發的反應，以及可能產生的後果。

一言以蔽之，ExComm採取一套工作流程，導引出有效的決策。甘迺迪理解到，光是把一群絕頂聰明的人所組成的團隊放在身邊是不夠的。這個團隊還必須遵循正確的方法，運用正確的流程。

幸運的是，企業經理人所做的決策不牽涉核武攻擊。但是等到圍桌而議，要進行策略性決策時，他們也能受惠於1962年時甘迺迪回答的那些問題：他們應該把決策交給什麼樣的團隊來審議？他們應該建立什麼樣的流程，才能讓這個團隊有最佳的發揮？把焦點放在團隊和流程，就是決策品質提高的保障。

在下一章會看到，遇到高賭注而絕對不能失敗的情況時，這正是我們要做的事。

本章總結：為什麼你不可能克服自己的偏誤

- 嘗試**去除自身的偏誤**通常徒勞無功，原因有幾個：

- 偏誤**不是一般錯誤：光是意識到它們的存在不足以**修正它們。

  ▶ 在參加一次顯示集體過度自信的測試後，沒有人降低自信心。

- 偏誤盲點：「我們可能會對明顯的事物盲目，而我們也會看不見自己的盲目。」（康納曼）

- 任何情況都有多個潛在偏誤：要決定**對付哪個偏誤**，不是容易的事。

- **捷思法**是重要的工具，但偏誤是它的弊病。

- 與個人不同的是，組織能藉由改變決策的實務運作，改善它們的決策。

  ▶「改變環境」，而不是「改變決策者」。

- 要做到這點，兩個條件要同時成立：**合作**，這樣一來，有些人就能修正他人的偏誤；**流程**，這樣一來，群體就不會淪入群體迷思。

  ▶ 古巴飛彈危機的成功因應與贊成豬玀灣入侵行動的悲慘決定，兩者之間的差異在於決策流程。

12

合作＋流程，徹底提升決策品質

只許成功，不許失敗。

——基恩・克蘭茨（Gene Kranz），電影《阿波羅十三》

（*Apollo 13*）領航員角色的台詞

　　一個下雨的午後，你身在一個過去不曾造訪的小城市，在濕滑的街道上閒晃漫步。你的商務會議剛剛在最後一分鐘取消了。運氣不好：在登機之前，你必須在這個小鎮上消磨時間。現在，雨變得更大了。你抱著公事包，在拱廊下躲雨，發現人一群群的來到這裡。原來，這裡是法院，而有一場審判即將開始。你還有時間，或許還可以進去聽場審判。這樣至少回去時，還有個故事可以和同事講。

　　開庭了，你在法庭找個位子坐下。這宗案件的被告是一個闖空門的嫌犯，他在對峙時槍殺了屋主。被害人在救護員抵達現場後不久身亡。一個苦悶小鎮裡的一個苦悶故事……但至少你找到一個打發時間的方法，還可以躲雨，而雨不斷打在法院的窗戶上。

　　就在這時，事情的發展出現一個意外的轉折。和無數電視犯罪影集裡演的一般審判程序不同，檢察官走向投影機，打開筆記型電腦，開始秀出一疊投影片。他嫻熟的操作PowerPoint，從發生犯罪事件當夜開始說起，質疑被告的不在場證明：從最後一個目擊者看到他的時間，一直到謀殺案發生之間，他有充裕的機會可以抵達犯罪現場。犯罪現場的照片、凶器、鑑識結果、被告留下的指紋，甚至還有畫出殺人凶手逃逸路徑的Google地圖──圖表一張點過一張，檢

察官冷靜的報告，吸引全場的關注。等到辯詞進入尾聲，檢察官秀出一頁總結，羅列清楚、簡潔的要點，概括之前的投影片內容。然後，他進行結辯：被告應該被判有罪，刑期至少二十年。

坐在法庭後方的你，完全忘記今天早上的挫折，沉浸在這個嚴肅的時刻裡。你非常佩服那位檢察官的報告風格：司法體系比你想的還要專業得多！現在，你自然會預期辯護律師也運用同樣的技巧，向陪審團證明被告無罪，或至少提出合理的疑點。

但是，現場不是那樣演的！這個案件是由法官審理。這已經夠奇怪了……接下來，法官沒有讓被告方發言，而是逕自與檢察官展開對話，就檢察官剛剛陳述的內容，針對幾點提出質詢：可以回到第三張投影片，請檢察官解釋裡頭那項證據和所陳述事件的關聯嗎？於是，檢察官回頭並解釋。檢察官可以確認凶器已經由彈道專家進行過適當的辨識嗎？是的，沒錯，檢察官胸有成竹的回答。再經過幾回問答之後，法官謝謝檢察官的說明。最後，法官二話不說，宣判被告有罪，判他監禁二十年。

法庭與董事會

你猛然驚醒，結束這個夢魘：你正坐在雨雲上方航行的飛機裡，早已離開這個奇怪的小鎮。你伸個懶腰，想著這個夢實在太奇怪。可想而知，沒有一場審判看起來會像這樣，那實在差得遠了！即使是全世界最糟糕的獨裁者，想要把他們的政敵送進勞改營，也會在程序上做足表面功夫，製造合乎程序規定的假象。公平審判的樣貌，已經深植於我們的集體想像，就連恐怖團體也經常在處決人質之前搬演一齣病態的模擬審判。

既然如此，這個想像出來的、惡夢裡的法庭場景，其實非常類似董事會審理投資提案、重組計畫或產品上市計畫的情況，我們為什麼就不感到震驚？

這一頭是執行長，身邊圍繞著管理團隊，正在聽取「案件」。他必須拿定最後的決策。那一頭是提案的主管，他研究並贊同專案，也毫無懸念的為提案辯護。當這位「檢察官」陳述主張時，其他聽眾可以提問或發表意見，但是不強迫。如果他們真的發言，他們的介入不必遵循任何具體的程序規則。在報告結束之後，執行長同時擔任兩個角色：一是反方的辯護律師，對報告者呈報的事實和建議提出質詢；二

是法官，一旦被說服，落槌定案。

　　當然，這時你或許會舉牌反對，因為你認為管理決策與司法判決不能相提並論。企業必須迅速明快，不像以龜速惡名昭彰的司法體系。成敗得失的代價不見得重大。此外，經理人應該都有足夠的能力，也有正確的動機，所以可以放心的把決策交給他們。

　　但是，這些差異不能拿來為管理決策方法裡驚人的漏洞合理開脫。就像應該得到司法正義，人有權要求最佳的司法判決，公司的股東也可以期許高品質的企業決策。速度不是理由：企業內部事務有不同的緊急程度，法庭裡也是；司法的緩慢，並不是因為聽取雙方辯辭所耗費的時間。成敗得失代價的差異沒有意義：我們不能因為違法情節輕微就解除所有應該符合的正當程序標準；有些企業決策也攸關重大。最後，我們對決策者能力的信心，也一樣不成理由：要求法官遵守程序規則，並不表示懷疑他們的智慧或公正。

　　為了理解企業決策與司法判決方法差異的根源，我們必須理解它們是怎麼來的。傳說法王路易九世（後來封聖為「聖路易」）會坐在橡樹下，為臣民主持正義。他的決策制度相當近似前述想像中的審判：雖然十三世紀的上訴人不會用PowerPoint，但是有申訴案情的機會；而那位充滿智慧、

無所不知的國王，會在問過他們問題之後，宣布他的裁決。
如果現代司法體系看來不再如此，這是因為這個中世紀的決
策模式有顯而易見的限制，無法為現代人所接受。任何觀察
者都可以看到，法官（即使是國王或貴族）會受到他們的情
感和偏誤所影響，或是可能會與當事人其中一方有個人關
係，或是會被呈現事實的欺矇手法所左右，諸如此類。無論
個人素質如何，法官也是人，有許多因素會導致他做出不公
允的判決。這種風險不可能完全消除，但是民主司法體制的
演變，降低了這種風險。程序要求就是一般所說的「正當法
律程序」，是防止武斷和人為過失的守門員。

　　企業決策就沒有類似的演進，除了特定程序之外（例
如，防止利益衝突規定的發展）。企業的股東和董事與拿放
大鏡檢視司法體制的公民不同，他們顯然沒有認知到正確決
策的重要性。基本上，那就是為什麼執行長做決策的方式，
還能與橡樹下的聖路易做裁決的方式如此近似。

　　提出這個觀察，並不是為了質疑這些經理人的能力，當
然更不是質疑他們的誠信。（也沒有人會質疑聖路易的允當
裁決！）當然，有些人比別人更擅長免於受到偏誤的影響。
有些領導者有清楚的眼光，足以抵抗許多模式辨識偏誤。有
些領導者謙卑而謹慎，而不致被行動偏誤所害。有些則是有

勇氣在自己的組織裡克服慣性偏誤；還有些人具有高度的獨
立思考能力，而能夠跳脫群體迷思。我們也希望，有人可以
誠信到足以不受自利偏誤所侵擾。

　　但是，希望企業領導者具備這些美德是相當高的期望。
沒錯，偏誤不會讓所有的決策者無時無刻都誤入歧途。反過
來說，我們也不能期望所有的領導者都展現這裡提到的全部
美德，在所有決策裡克服他們所有的偏誤。在董事會裡就像
在法庭上，單憑決策者有德，不足以成事。個人也必須與他
人合作；決策不能由一人獨斷。智慧必然生於決策的過程，
而不是來自個人的美德。合作與流程是使決策健全所立足的
原則。

不許失敗

　　在不能容許犯錯的許多情況裡，我們都可以清楚的看到
合作和流程。就像阿波羅十三號的太空人，當我們知道情況
「不許失敗」時，當然會依靠有能力的個人，但是我們也仰
賴團隊合作，還有精心設計的方法。

　　在亞特蘭提斯號（Atlantis）和發現號（Discovery）出

過三次太空梭任務的法國資深太空人尚－馮史瓦‧克雷佛依（Jean-François Clervoy），深知「不許失敗」的真義。太空航行是高風險活動，他說：「根據歷史資料，一名太空人知道他回不來的機率介於兩百分之一到一百分之一。」自從太空探險展開至今，已有十四名美國太空梭上的太空人和四名蘇聯宇航員（cosmonaut）喪生。

然而，這些意外沒有一起是發生在太空人或蘇聯宇航員繞行地球時。只有1971年那次意外是在重返大氣層前階段發生於大氣層外，三名蘇聯宇航員的生命因此隕落。其他意外都發生在起飛或重返大氣層的過程，原因和太空人的行為沒有關係。

太空人成功克服、渡過無數重大危機，包括阿波羅十三事件。這不是表示其他所有任務都太平無事。有的是太空船遭受雷擊。有的是遇到艙艇分離失敗。有的要處理有毒氣體外洩、艙內起火、太空裡的擦撞，還有的是引擎故障。在一個極其惡劣的環境裡發生這些嚴重的事故，怎麼會沒有造成人員亡故？

首先，因為設備在工程設計上把風險降到最低。就像克雷佛依所觀察到的：「設備從設計之初，就已經找出並處理很可能出現或後果太過嚴重的潛在失誤。」第二，太空人的

訓練讓他們有能力在最具挑戰性而無法預測的情況下做出正確決定：「我們有七成的訓練時間都是在高擬真的飛行模擬器裡，指導員會想出愈來愈複雜的多重設備失靈狀況來考我們，讓我們練習如何處理所有可能的狀況。」

但最重要的是，太空探索家們要依靠一套嚴格的標準化程序。克雷佛依解釋道：「每一類緊急狀況，如起火、氣體外洩、曝露於有毒物品等，還有較不嚴重的意外，我們都要按照一張鉅細靡遺的檢核表來處理。在太空梭裡，這份印成紙本的文件，是一系列大部頭的書。那裡沒有即興發揮的空間。」

不說也知道，太空人是千挑萬選出來的一群精英。透過在極端情況下的廣泛訓練，他們取得「太空飛行器的完美知識，沒有未知的空間，」克雷佛依說。然而，當意外發生，他們最先、也最仰賴的是一套預設的流程。對於自認可以信任直覺的人來說，這是關於謙卑最好的一課。

以上是流程。那麼，合作呢？克雷佛依解釋，即使所有的太空人都接受過完善的訓練，每個人都必須說出自己的疑慮，也要能夠本於完全的信任發言。每個太空人都必須承認任何錯誤或猶疑。電影《太空先鋒》（*The Right Stuff*）裡的「牛仔文化」已經不再（也就是認為錯誤是可恥的，必須掩

蓋起來）。相反的，太空人要勇於討論任何疑慮，並報告任何意外。大家會感謝他這麼做，並把這些過程做成彙報，如此一來，這些課題就可以用來訓練下一批人員，或是讓檢核表更趨精細。如果太空人能做出妥善、挽救生命的決策，他們會歸功於流程，而不是即興發揮；歸功於合作，而不是個人的天才。

關於「可以避免」的災難，機師也有份。其中一件事故甚至改變民航史。1978年，聯合航空173班機準備降落在奧勒岡州波特蘭市時，發現起落架出現故障。於是，機長開始讓飛機在機場上空盤旋，以尋找並排除故障原因。三十分鐘後，飛機在只離機場幾哩之處墜毀，造成八名乘客和兩名機組人員喪生。

不可思議的是，飛機墜毀只是因為燃油耗盡。機長全部的心思都放在起落架問題上，而沒有檢查油箱。駕駛艙的錄音顯示，他無視副機師和飛機技師一再警示剩餘燃油已經偏低。錄音也顯示，機組人員沒有依據狀況的需求，以清楚、堅定而緊急的態度向上級表達警訊。這就是這種人為錯誤最重要的特質：它發生在最上級的人握有控制權時。由於對自己的判斷很有把握，加上身邊是一群過於服從而沒能挑戰他的機組人員，於是那位機長就這樣自信滿滿的把飛機開進災

難裡。

聯航173班機的墜機事件，至少有助於提高對這個問題的意識。1970年代晚期，它催生「駕駛艙資源管理」（Cockpit Resource Management, CRM），或稱「組員資源管理」（Crew Resource Management）的制定。這套技巧的開發者是美國國家運輸安全委員會（National Transportation Safety Board）和美國國家航空暨太空總署（NASA），設計的目的是為了改善機組人員之間的溝通，還有提供機組人員共同處理意外問題的工具。CRM如何減少人為疏失所造成的意外？很簡單，仰賴合作和流程。後來，CRM技巧也在各行各業經調整後採用，例如消防員、空中交通管制人員和一些醫療團隊。

然而，CRM只是民航所仰賴的流程之一。最基本的部分是檢核表。為了理解檢核表的價值如何徹底內化在飛航環境裡，你可以想像自己舒適的坐在一班即將起飛的飛機裡，聽到駕駛艙傳來以下這樣的廣播：「各位女士、各位先生，這是機長廣播。歡迎登機。我們的時間已經延遲，而我真的很想讓各位準時抵達目的地，所以我決定不要浪費時間逐一檢查起飛前的檢核表事項。不要擔心，我對這架飛機瞭若指掌。請繫好您座椅的安全帶！」這時，你八成不會安心。

　　這個假想實驗說明一個要點：身為決策品質的受惠者，我們都明白合作與流程、還有體現這些原則的工具的價值。只有在我們設想自己是決策者時，看不到這個價值，也不喜歡強加在我們身上的制度化守則。

　　阿圖・葛文德（Atul Gawande）在他的精采著作《清單革命》（*The Checklist Manifesto*）裡有力的提出這點。葛文德在世界衛生組織（World Health Organization）主持全球手術安全檢核表的發展工作。在高風險環境的手術室裡，檢核表的功能就像它們在飛機裡所扮演的角色一樣：建立流程，強迫一定程度的合作。例如，根據手術安全檢核表，醫療團隊必須確認病患的身分、確認他們實施正確的程序，並確保醫療團隊裡的每一個人都介紹自己的名字和職務。這些簡單的檢核項目有顯著的效果：它們降低三分之一的併發症，並讓術後死亡率減少五成。一如葛文德指出的，如果藥物有這等保證成效，一定立刻大賣。

　　然而，導入檢核表並不容易。即使在測試後證實它的正面效果，還是有大約百分之二十的外科醫師拒絕採用，認為不值得花這個時間。葛文德解釋，有經驗的外科醫師有時候會認為，自己不需要呆板的遵從一連串的標準化步驟。於是，葛文德對抱持這種想法的醫師提出另外一個問題：如果

你是病患，即將要接受一項手術，你希望手術團隊採行檢核表嗎？結果有93%的外科醫師堅持要採用。顯然，你是病患的時候，失敗是絕不允許的。

決策的「全面品質管理」

在司法、太空航行、民航、手術這些場域，合作和流程都明確的提升決策品質。但是，在「普通」公司，還有大學和政府機關呢？

幸好，他們也採用「合作＋流程」裡的元素。最普遍的例子是製造業的全面品質管理（total quality management），目標是全面減少廢料，同時提升成品的品質。豐田的「五個為什麼」（Five Whys）就是其中一種方法：問五次「為什麼」，而不是只有一次，為的是超越表相的解釋，深入問題的根本原因。合作也是大部分品質管理方法的核心，仰賴工人和主管主動積極的參與，發現問題並找到解決辦法。

思考一下其他例子。例如，建立工作團隊來合作解決一個問題，或是給團隊的運作一個正式化流程，這些都不是什麼革新的創舉。但是，讓人好奇的是，組織運用合作與流程

的傾向與現有決策的重要性呈反比。幾乎所有公司都有辦公室用品採購流程，但是關於收購公司與合併，有正式流程規定的公司卻沒有幾家！

　　換句話說，大部分公司都有嚴謹的流程，確保他們製造的產品具有高品質，但是很少有公司把同樣嚴格的標準應用在他們的決策上。無論從事什麼業務，任何組織都是產出決策的工廠，但這個假設的工廠沒有堅守和實際工廠一樣的品質標準。

　　理論上，企業治理應該要發揮保障決策品質的功能。某些類型的決策必須經過董事會或監事會的同意（例如超過一定金額的投資），這就是一種流程；而既然董事會是合議制，理論上就包含一些合作。然而，就算董事會以有效而合作的方式運作，優良的治理也是不夠的（何況這是個大膽的假設）。回到工廠的比喻，治理機制就是品質控管：它要為「產品」（也就是提交給董事會的決策）是否符合某些標準把關。但是品質控管無法產出優良的產品。優良的產品是來自優良的製造流程。類似的情況是，有效的治理可以鼓勵領導者為決策建立優良的「製造流程」，但是光靠治理本身，不足以提升決策的品質。

　　確實，在不容失敗的情況下，監督權威的存在不是高品

質決策制度存在的主要原因。法官對正當法律程序的尊重，不是因為他們害怕如果自己不遵守就會被罷免。NASA太空人運用檢核表，也無關乎休士頓的任務控制中心在監看他們。在兩種情況下，決策者都會竭盡全力做出最佳決策，他們是真心相信合作和流程是最好的方法。

　　這就要談到一個重要問題。講到策略性決策，我們也要相信「合作＋流程」的價值嗎？我們怎麼知道它們所產生的結果會比其他可能的方法更好呢？這是在下一章要探討的問題。

本章總結：合作＋流程

- 我們之所以認為**正當程序**很重要，是因為我們知道法官的個人優勢不足以避免壞決策。然而，**組織通常不會要求自己遵守同樣的標準**：相較於公民對司法的重視，組織比較不在乎選擇的準確性嗎？

- 一般來說，面對**不容失敗**的情境，組織會強制實行「合作＋流程」⋯⋯
  - ▶ 太空人的訓練是遵照規則，而不是遵照他們的直覺。
  - ▶ 航空機師要依靠機組人員和流程。
  - ▶ 外科醫生運用檢核表，可以降低併發症發生的機率。

- **低階決策**通常有規定流程。
  - ▶ 辦公室用品採購有正式化程序，但是收購公司卻沒有。

- **在策略性決策**卻通常沒有相關規定流程。
  - ▶ 優良的治理是不夠的。
  - ▶ 我們為什麼不要求「決策工廠」做「全面品質管理」？

13

章魚哥是優秀的決策者嗎？

成功不是凡人所能掌握，

但是我們會更努力，賽姆普羅尼烏斯*；我們會實至名歸。

——約瑟夫・艾迪生（Joseph Addison），

《加圖悲劇》（*Cato*）

---

* 編注：賽姆普羅尼烏斯（Sempronius）為古羅馬執政官。

　　2010年，南非舉行足球世界盃期間，在德國歐柏豪森（Oberhausen）過著平靜生活的一隻章魚，成為眾足球迷和運動作家的目光焦點。這隻名叫「保羅」的章魚，似乎展現高超的預言天賦，正確預測到德國每一場賽事的得勝隊伍。

　　預測儀式是這樣進行的：在每一場比賽之前，保羅的主人會在水族箱兩側放入等量的食物，裝食物的盒子分別以對戰國的國旗做裝飾。占卜大師章魚哥保羅會「選擇」吃哪一邊的食物。就這樣，章魚哥一再選中未來的贏家：牠正確的諭示德國會打敗澳洲、迦納、英格蘭和阿根延。不過，你可別誤會──章魚哥可不是德國國家足球隊的盲目支持者，牠並沒有受到愛國者一廂情願的想法所影響：牠也曾毫不猶豫的宣布，德國隊在分組賽會輸給塞爾維亞，然後在準決賽輸給西班牙。等到第三名爭奪戰時，章魚哥又正確的預測德國會打敗烏拉圭。算是同場加映，章魚哥預言西班牙會在決賽打敗荷蘭，確立牠不敗預言家的全球美譽。無論如何，牠正確預言八場比賽中每一場的結果。

　　顯然，大部分專家和球評的預測都比不上章魚哥保羅。這點令人不禁要問，如果你是賭注登記經紀人或線上投注公司老闆，你是不是應該投資飼養一缸有預言能力的章魚。至少有一個人這麼想，那就是俄國線上投注創業家歐雷‧祖拉

夫斯基（Oleg Zhuravsly），他出價十萬歐元要買章魚哥。而在遭到章魚哥的飼主拒絕後，他甚至把出價提高為三倍，但還是遭到拒絕。

運氣與技術

　　祖拉夫斯基的目的當然是公關噱頭：沒有一個心智正常的人會認為章魚哥保羅是預測能力高強的預言家。章魚哥的特技說穿了，可能純屬機率問題。在隨機程序下，連續八次選中贏家的機率就像硬幣連續擲出八次正面一樣，只有0.4%：機率很低，但當然不是絕無可能。*有鑑於世界盃在全球的熱門程度，我們可以假設有好幾千隻動物都「接受訓練」來預測比賽結果。只要在網路上迅速搜尋一下，就可以找到許多牛、倉鼠、烏龜、甚至大象表演同樣特技的照片。我們不曾聽過它們，這只不過是倖存者偏誤的簡單例子。如果在中國有一隻雞或在斯洛維尼亞有一隻鵝連續八次選中輸球的隊伍，我們絕對不會聽聞任何消息，即使這個成績在統

---

* 這裡的計算排除平手的情況，因此稍微簡化三次分組賽。

計上和章魚哥一樣罕見。無論如何，章魚哥之所以能成為聰
明的「決策者」，原因只有一個：機遇。

　　在賭場之外，人類決策的成果通常不是完全取決於機
遇。技術是重要條件。但是究竟有多重要？最廣為研究的案
例，當然是逐年在衡量、分析並比較的投資經理人績效。儘
管有「過去績效無法用來預測未來成果」這樣的警語規定，
投資人在選擇要投資哪個基金之前，還是會仔細研究過去的
績效。我們或許相信效率市場，也或許不相信，但是如果有
基金經理人連續幾年打敗基金的基準指標，我們很難不認為
這個人具備優越的技術。如果這樣的成就持續非常長的時
間，那麼我們顯然是遇到一位卓越的基金經理人。

　　這正是美盛集團（Legg Mason）旗艦基金的經理人比
爾·米勒（Bill Miller）在2000年代初期贏得的聲譽。米勒
成功打敗標準普爾五百指數不是一年、三年或五年，而是
連續十五年。這個連勝紀錄實在令人嘆為觀止，因此《金
錢》（*Money*）雜誌把米勒譽為「1990年代最偉大的基金經
理人」，晨星公司（Morningstar Inc.）也屢次封他為「近十
年最佳基金經理人」。甚至有對手銀行在說明信裡充滿敬意
的評論道：「四十年來，沒有其他基金能連續十二年打敗市
場」（十五年自然不在話下）。

這股推崇熱情是可以理解的，因為這樣的連勝紀錄是出於偶然的機率似乎微乎其微。至少乍看之下是如此。可是，如果我們細看會發現，適用於章魚哥的推論，其實也同樣適用於米勒的績效。單一特定基金經理人（米勒）在特定年份期間（從1991到2005年）打敗市場的機率確實微乎其微。但是，這不是正確的命題！這個成績可以在數十個十五年區間、數千名基金經理人的身上看到。假設處於完全效率市場，而經理人的工作只是一場大型的機遇遊戲，那麼任一個基金經理人在任一個十五年期間至少展現一次這種績效的機率是多少？根據李奧納多‧曼羅迪諾（Leonard Mlodinow）在《醉漢走路：機率如何左右你我的命運和機會》（*The Drunkard's Walk: How Randomness Rules Our Lives*）裡的計算，大約是75%。從這個角度來看，才能公允的評價這個事件的特殊本質以及米勒的成就。

「沒錯，」你或許會回答：「不過無論如何，比爾‧米勒做到了，而且沒有別人做到！否定米勒應該得到的榮耀，是不是有點小家子氣？」如果你這樣想，那麼還要考慮另一件事。米勒「連勝」的十五年中，有超過三十個連續十二個月期間，績效都低於市場，換句話說，如果他的績效衡量期間是從二月到隔年一月，或是從九月到隔年八月的十二個月

期間來算，而不是從日曆年（從一月到同年十二月）來看，他的卓越績效就會消失。米勒自己也坦承這點：「那只是日曆上的偶然⋯⋯我們很幸運。或許不是100%靠運氣。或許有95%的運氣。」至少以此而言，他就值得大加讚揚，很少有倖存者會記得自己是倖存者偏誤的受惠者。

我們可以從章魚哥保羅與比爾・米勒身上學到非常重要的課題。當我們評估決策者，尤其評估高階經理人時，多半會以成敗論英雄。我們會認為，優秀的決策者就是做出優良決策的人，而所謂的優良決策，就是產生優良結果的決策。這種想法再自然不過。然而，這是一個危險的假設：根據結果來評價決策時，我們通常會低估機遇在其中扮演的角色。

不過，那還不是全部。除了機遇無可避免的會來攪局之外，許多決策都牽涉某種程度的風險。從後見之明來評價決策時，我們絕對不能忘記把風險程度納入考量。還記得第六章的高風險投資案例：高風險、高報酬的賭注可能是一個完全理性的選擇，然而卻會以損失收場。反過來說，假設有位經理人把公司資產當成賭注押在俄羅斯輪盤，而且又剛好贏了；或者舉個比較實際的例子，有個銀行交易員從事超過自己權限的交易，結果獲利──無論哪個例子，我們都不應該恭喜他們做出好決策，因為他們讓公司承擔高到不合理的

風險。

　　還有一個複雜之處。我們觀察到的結果，並非完全取決於最初的決策。健全的決策可能執行拙劣，平庸的決策也可能因為完美無瑕的執行而得到挽救。大家經常說，在企業裡，執行品質比決策本身更重要；雖然這麼說是言過其實（想想第一部描述的一些策略性決策就知道），卻有幾分真理。

　　總之，我們在衡量決策的結果時，看到的不純然是最初決策的結果。它也是運氣好壞、風險承擔水準適當與否、執行優劣的結果。除了成功或失敗的極端案例（像是本書提到的部分例子），把結果好壞全部歸因於最初決策的優劣是一件危險的事。身為機率理論開山祖師之一的白努利（Jacob Bernoulli）在1681年一針見血的指出這點：「我們絕對不能以結果論定人類行為的價值。」

　　當然，問題就在於我們確實用行為的結果來評斷人類行為的價值……而且我們永遠不會停止這麼做！這甚至是最根深柢固的管理定理之一：「重要的是結果！」或者，說得更直白一點：「才智高，不如運氣好！」誠如我們看到的，後見之明讓我們要求決策者為失敗負責，即使失敗完全不可能預測。反過來說，歸因謬誤也造成我們把成功歸因於決策

者，即使其中有很高的運氣成分。在許多情況下，只看成果
的簡化做法，以及這種做法所建立的當責制度，都有很多優
點。但是我們為這種簡化所付出的代價實在太過高昂。當我
們只憑結果評價決策（以及做決策的人），我們所犯的錯，
和那個出三十萬歐元「雇用」章魚哥保羅當預測家的俄羅斯
商人沒有兩樣。

　　這個現象引發許多實務問題。如果不根據決策的結果，
我們究竟應該如何評價決策？具體來說，我們從何知道，依
靠合作和流程能真正提升表現？

　　畢竟，有許多反例可以作為證明。我們可以看到絲毫不
在乎合作伙伴的專斷領導者，也可以看到固執己見的直覺思
考家，他們光是看到「流程」這個詞就渾身過敏。但是，這
些是經常成功的人！賈伯斯在世人心目中的形象（無論是對
或錯），就是一個魅力十足的領導者：不太在意合作，完全
不把流程放在心上，但他的豐功偉業卻無庸置疑。或是以軟
銀集團創辦人孫正義為例，他在1999年決定投資阿里巴巴
兩千萬美元時，如此描述這個決定：「他〔阿里巴巴創辦人
馬雲〕沒有營運計畫……但是他的眼神非常有力。有力的
眼神，有力而發亮的眼神。我就是知道。」客氣的說，沒有
人會同意這是經由合作做出的決策，更不用說是遵循流程的

決策。然而，這後來成為或許是有史以來最成功的投資決策：軟銀的阿里巴巴持股價值大約是一千三百億美元。

　　當然，從反面看，犯錯的也同樣是這些人。在賈伯斯的傳奇故事中，他犯下的重大錯誤是他重要的情節。孫正義顯然依靠同樣的直覺法，做出比投資阿里巴巴更讓人質疑的決策。其中包括投資三億美元於號稱「遛狗版Uber」的新創事業「Wag」，這個決定廣受奚落。更嚴重的是，孫正義投資一百億美元在WeWork的母公司〔當然，WeWork創辦人亞當・諾伊曼（Adam Neumann）也有一雙有力而發亮的眼睛（孫正義拿他比作馬雲）〕。然而，當WeWork因為諾伊曼種種特異的行徑，以及有爭議的會計實務而取消首次公開發行時，諾伊曼只好辭職；軟銀也不得不額外增加八十億美元的資金為WeWork紓困，讓它免於立刻破產的命運。

　　這種引人注目（又充滿矛盾）的故事，是商業人士茶餘飯後的絕佳話題：「沒錯，靠直覺不一定每次都會成功！但是，有時候確實有效……」當然，事情的核心是，在一個不確定的世界，沒有任何可以保證成功的方法。我們應該處理的是另一個更細緻的問題：不同的決策方法之間，如果有差異的話，差異有多大？具體來說就是，「合作＋流程」對於決策品質的影響是什麼？

一千零一個投資決策

要回答這個問題，我們無法寄望單一案例的討論。就像靠直覺做決策，有成功的例子，也有慘敗的反例，我們也可以找出許多事例來支持（或駁斥）「合作與流程可以產生好結果」的說法。我們無法從案例中導出任何結論，尤其是結果會受到數據的風險承擔、決策的執行和機遇的影響時。

不過，我們可以把這個問題當成統計問題來分析。如此一來，就必須考慮大量決策樣本，比較那些採用「合作＋流程」的決策，以及沒有這麼做的決策。當然，這些決策的結果都會受到機遇因素的影響，但是我們沒有理由預期機遇會獨厚某種決策方法，而不會對其他方法造成影響。因此，我們可以預期，機遇因素會彼此抵消，而如果決策方法對於決策成果有影響，影響就會清楚可見。

2010年有一項涵蓋各個產業、一千零四十八個決策的研究，它背後的概念正如前述。研究裡的決策都是投資決策（因為投資報酬是沒有爭議的成功評量指標），而且大部分是策略投資（併購、新產品上市等等）。為了找出合作與流程對決策品質的影響，研究者針對每一項決策，請受訪者回答一系列與決策如何做成的相關問題。

其中一半的問題是關於決策所採用的分析工具：例如你們是否曾建構一個詳細的財務模型？你們是否曾針對這個模型的主要參數執行敏感度分析？這些問題是在檢驗數字分析和事實蒐尋的透徹程度——簡單來說，就是決策者是否有做功課。這就是投資決策的「素材」（What）。

另外一半問題與「素材」無關，而是與「方法」（How）有關，特別是合作與流程：決策團隊的成員是根據技能挑選，而不只是職級嗎？你們曾明白討論決策涉及的不確定性嗎？曾經有人在決策會議中建議不要做這項投資嗎？

結論是，「方法」因素（合作與流程的品質）可以解釋53%的投資報酬變異。「素材」因素（分析品質）只能解釋8%的結果。剩下的39%則歸因於與部門或公司相關的變項，這些不是投資中特別會出現的問題，而是決策者都難以或無法掌控的層面。

這個結果實在令人訝異，所以值得一講再講。如果我們排除在投資決策裡無法掌控的因素，「合作＋流程」的重要性是分析的六倍多。我們做決策的「方法」比「素材」重要超過六倍！

少分析，多討論！

為了理解這些結果有多麼反直覺，回想你最近一次的投資決策，或是思索你下一個投資決策。如果你的公司像大部分大型組織一樣運作，你會仰賴一系列的計算：銷售預測、成本預測、現金流預測、預期投資報酬率以及投資回收期，諸如此類。你可以依靠專業團隊應用嚴格的標準化方法，執行並檢視這些分析成果。財務部門的專家或許會針對這些方法辯論：我們應該改變用在評估投資的最低資本回報率嗎？我們應該導入「樂觀」和「悲觀」情況的多種情境嗎？到最後，如果這項研究有得到應有的關注，你的公司會在這些分析上花很多時間。

現在，你們真正花多少時間好好討論這些分析和分析背後的假設？此外，對於做成這項決策的決策流程，你真的有好好考慮過嗎？例如，應該在哪項會議裡討論？誰應該參加？會議應該在專案開發的哪個階段召開？在許多組織，從來沒有人提起這些問題，反倒是由一個決策者或決策委員會定期開會，把投資審議列入議程。決策的主事者會收到一套支持投資提案的分析，並知道這些分析是根據程序謹慎做成。主事者檢視這些分析（可能是在投資主要提案者的報告

之後），然後決定要通過或否決提案。

　　換句話說，我們把大部分心力都花在「素材」，也就是分析的內容。我們花非常少的心力在「方法」上，即使這才是關鍵。等到要做決策時，我們過於側重專案理性、可量化、客觀的層面，而就是沒有體認到合作與流程的影響。

　　我們可以檢視「方法」有哪些面向能左右結果，這有助於理解為什麼這個影響如此重大。在這一千零四十八個決策者中，哪些措施與投資成功最為緊密相關？答案是那些納入合作與流程、以對抗投資決策中常見偏誤的措施。最佳決策與最糟決策的分水嶺，特別取決於四個問題。

　　第一，你們曾明白討論與投資提案相關的風險和不確定性嗎？顯然，如果沒有這樣的討論，就有高度的過度自信風險。然而，這種討論通常不會發生，因為當投資氛圍很正向時，沒有人想要危言聳聽，潑大家冷水。

　　第二，在討論提案時，有人表達與高階領導者的觀點相悖的意見嗎？不難看出為什麼這種做法能夠克服群體迷思。如果會議參與者傾向與老闆口徑一致，無論是有意或無心，就不太可能有人公開提出相左的觀點。

　　第三，你們曾刻意尋找有違投資立論的資訊，而不是只著眼於支持投資立論的資料嗎？你可能已經想到，這是直接

對抗確認偏誤的應對措施，也就是對抗自然而然造成我們默許提案的那種偏誤。

最後，議案通過的標準是事先訂定，而且對所有參與討論的人都公開透明嗎？這項措施能幫助決策團體防範說故事偏誤。我們都看過，從精挑細選過的資料編織出來的好故事，可以多麼輕易讓任何決策合理化。如果沒有明確、事先訂立的標準，就會產生風險，也就是你的推論過程、支持投資案的資料選擇，會受到你想要達成的結論所控制：「沒錯，這項投資沒有達到我們任何一項財務標準，但是我們應該基於『策略』理由而從事這項投資，例如……」或是，反過來說，如果它符合所有的最低資本回報率，只是你不喜歡它，你會說：「它在企畫書中看起來不錯，但是我不認為它實際上會成功，因為……」

本書第三部會討論可以用來規畫、刺激討論的技巧，像是在投資委員會裡的那些討論。不過，我們從這項投資決策的研究中只能學到一個簡單的課題：在做一項重大決策之前如果只有一個小時的空檔，不要把時間花在做更多研究、尋找更多資訊或再跑一次財務模型。相反的，你應該把時間投入有品質的討論。少分析，多討論！

流程 VS. 事實？

你或許覺得奇怪，根據這項研究，分析為什麼對決策品質的影響這麼少？難道這表示只要靠討論就可以有好決策嗎？那麼，我們可以因此有充分理由去喝個兩杯、友善的聊聊，而鑽研數字的功夫就可以免了嗎？當然不是。關於決策的內涵其實更為細膩。

事實上，幾乎每一個人都有針對投資提案寫出正面財務分析的本事。大部分人（以及大部分企業）都會跑一樣的分析流程、運用同樣的公式和軟體。財務分析的技術面品質已經是決策的基本門檻，不再是造成決策好或壞的差異關鍵。

這類分析採用的資訊和數據品質，有時候會造成龐大差異，這話是沒錯，但是以投資決策來說，這種情況相對少見：應用於銷售目標、成本預測、估計時程等財務模型的數據，通常都是投資提案人以同樣的標準化方法蒐集而來。除非有個愛追根究柢的老闆，或是特別堅持不懈的分析師，自己出馬挑戰專案提案人，否則例行的投資分析通常不是根據最原始的資料來進行。

換句話說，能左右決策品質的分析通常不會自然出現。怎麼樣比較可能產生有這種分量的分析？那就是優良的程

序！例如，回到與高品質決策最密切相關的四個條件之一：
刻意尋找與投資構想相違背的資訊。這並不是「標準」的做
法，但絕對是優良決策流程的標記。

　　最重要的是，即使是最佳研究和最具洞見的分析，如果
沒有經過討論，也可能毫無作用。當我們在看事後檢討報告
時，就注意到這個問題。我曾經與一家投資基金合作，他們
在一次特別令人失望的投資之後，很有概念的重新檢視決策
流程。基金領導者想要了解，實地查核團隊以及當時的投資
委員會是怎麼決定收購一家（從事後來看）有嚴重問題的公
司。他們深入挖掘，通盤檢視提交給投資委員會的一系列討
論文件，並注意到一個蹊蹺之處。第一次的報告列出三個可
能造成提案被否決的問題：部分重要經理人的技能低落、其
中一條產品線的需求疲弱，以及對一項專利的穩固性有所疑
慮。在第二次報告時，其中兩個問題消失了，至於第三個問
題，只是輕輕一筆帶過。在投資做成決策前的最後一次報
告，成案的三項障礙全都消失得一乾二淨。這些問題如何處
理，沒有任何合理的解釋，顯然也沒有人問起。自然而然
的，隨著每一版新報告出爐，交易愈接近定案的時候，整體
的語調就變得更樂觀。

　　有意思的是，該基金的鑑識分析並沒有在此打住。它也

檢視團隊在收購案後提交給公司的報告。當收購已成定局，最緊急的待辦事項是什麼？幾個月前出現在第一份盡職的查核報告裡的那三個問題又被提出來。其中一個後來成為收購成果極不理想的主要原因。這些問題沒有消失；只是礙於群體迷思的壓力以及集體過度自信，被刻意隱藏起來了，這就是曾經參與合併和收購的人都知道的「成交熱」（deal fever）。至此，這個案例的真相水落石出，情況就像許多案例一樣。所有必要的分析都做過了，也做對了。但是有缺陷的決策流程導致分析完全無用。

這個例子顯示，硬要把事實和數字拿來與好的流程分高下，並沒有太大的意義。如果統計分析顯示，流程比計算更有影響力，那不是因為分析無足輕重：這是因為分析幾乎是必備條件，但是分析需要好的流程去利用它。

如果你想要改善決策品質，實務的做法是，將決策流程視為你的起點。畢竟，遵循優良決策流程的優良團隊，應該能夠發現有哪些重要資訊缺漏，並確保必要的分析能夠迅速執行。優良的決策會議能彌補試算表的缺漏。但是反過來卻不成立：「由試算表來召開會議」這種事可是前所未聞。

從流程到決策建築

因此，流程是做出好決策的關鍵。但是，「流程」一詞通常會引發各種感受——這是客氣的說法。許多領導者對這個名詞過敏。對有些人來說，把決策付諸流程決定，與發揮商業判斷背道而馳；在他們眼中，商業判斷正是他們角色的重頭戲。一講到流程，有些領導者會立刻聯想到官僚和手續、疊床架屋的繁文縟節，還有厚厚一大疊的書面文件，裡頭盡是密密麻麻的勾選方格。當流程遇上合作，更是會引發另一種恐慌：「分析癱瘓」的危險，以及在沒完沒了的討論之後搖擺含糊的共識（如果真能達成任何決定的話）。大家常說，委員會的「共治」是稀釋責任、磨損策略眼光或管理勇氣的大鍋爐。

這些顧慮完全可以理解，而任何在公、私部門官僚體制裡待過的人，都能夠對說這些話的人感同身受。但是，他們誤解「合作」與「流程」在這裡的意義。沒錯，合作意謂著不只一個人。但是，一如我們在古巴飛彈危機、鼓勵飛機駕駛艙裡的異議者、法庭審判的類比等例子中看到的，這種合作與尋求共識正好相反：它關乎辯論，確保多元、衝突的觀點能夠表達並被聽到。這也不表示最後的決定是以「民主」

方式或以多數決做成：無論是在內閣、駕駛艙，或手術室，誰當家做主，都是一清二楚的事。

那麼，「流程」呢？確實，組織裡有許多手續和程序都化為規定，要求一些必須在決策做成之前執行的工作和分析。日積月累下來，這些通常會變成讓人心不在焉的勾選例行作業。一如我們在投資基金的例子裡所看到的，這些例行工作的結果如果沒有得到關注和討論，最終也是徒勞無益。優良流程的重點就在這裡：確保決策會議能得到心胸開放的領導者有效的籌畫和帶領，使領導者能夠退一步綜觀情況，運用批判力做出判斷。

這和所謂的「哥德堡機器」（Rube Goldberg machine，一種把簡單的事複雜化的機械）完全不同！如果你不喜歡「合作」和「流程」這些語彙，為什麼不換個詞？有些人喜歡講決策的「最佳實務」（儘管「最佳實務」這個概念有相關的風險，一如我們在第二章討論過的。）有些經理人把這些決策方式作為管理風格或個人決策「系統」的特色。有些公司把它們制度化，並冠以「治理原則」、「章典律例」或「教戰守策」等各種不同的名稱。

在本書的第三部，我會採用「決策建築」（decision architecture）一詞。在《推出你的影響力》裡，塞勒和桑斯

坦強調「選擇建築師」（choice architect）的關鍵角色：無論
刻意與否，他們設計的是，在消費者或公民面前，「選擇」
的呈現方式。同理，為自己公司設計決策程序的經理人就是
「決策建築師」（decision architect）。如果這個決策結構仰賴
合作和流程來克服偏誤，「住進」這棟建築的人（首先住進
去的就是建築師本人），就可能更常達成潛在的最佳決策。

　　之所以挑選「建築」一詞，也是因為它蘊涵實用的聯
想。首先，我認為建築不是科學，而是藝術。把自己視為決
策建築師應該能提醒你，決策的藝術不能簡化成純量化分
析。

　　第二，你不會為了建造一間工具室而特地延請建築師。
同理，只有在決策有足夠的重要性，也就是選擇攸關公司的
未來時，才值得考慮動用決策建築。這些重要決策可能是只
能做一次的選擇，例如多角化經營或合併案。也可能是會一
再出現的決策，而這些選擇在整體上會塑造公司的策略，例
如藥廠的研究與開發決策，或是礦業公司的投資決策。但
是，雞毛蒜皮的決策，就不需要過度運用決策建築。或許有
太多公司正是如此，編織繁複的程序網纏絆住他們的員工，
但這不是決策建築，而這是官僚制度。

　　最後，建築的概念也意味著要在工作開始之前先研擬好

計畫。在決策流程開始之前，先定義決策的建築，決定你們要如何做決策，這才合理。這個順序不一定總是能夠被遵守（例如在危機出現的情況下）但是一般而言，這是才是理想的做法。

本書接下來的部分會討論決策建築。討論的目的是在幫助你思考自己的決策，以及要如何做這些決策，換句話說，就是幫助你決定如何做決定。討論的鋪陳以三個主題為中心，我們也可以把這三個主題視為優質決策建築的三根支柱。第一根支柱是**對話（dialogue）**，也就是一群真心想要傾聽對方想法的人，開誠布公的交流彼此的觀點。這是有效合作的先決條件。第二根支柱是**歧異（divergence）**，它能為對話帶來相關、以事實為根據、原創的內容，讓對話不致於淪為先入為主的觀念之間的一場衝突。最後，第三根支柱是組織的決策**動力（dynamics）**必須能促進對話、鼓勵歧異──這些在許多組織裡往往會受到壓抑。

當然，這些通則還不夠。決策建築需要實務工具才能蓋好。有些人稱這些工具為章典律例、防治偏誤的反制措施，或是偏誤剋星。在這裡，我就稱它們為「決策技巧」。每項技巧都是某些偏誤的解藥。我們會看到，其中大部分是組織層面的技巧，而不是個人層次：偏誤是個人的，但是我們運

用的補救辦法多半屬於集體的。

　　在第三部，你會看到說明這些技巧的四十個例子（附錄二總結這些技巧）。第十四章描述十四項實務技巧，以創造能增進真實對話的決策建築；第十五章提出十四項能鼓勵歧異的技巧；第十六章提出十二項技巧，在決策流程的每個階段，促進有益的動力。所有技巧都來自對決策流程的觀察，以及與企業經理人的對話，這些企業有各種規模，從新創事業到跨國企業，不一而足，包括金融投資公司、專業服務公司和公部門等。

　　就像你會看到的，用來說明這些技巧的例子大部分都是匿名的。這麼做是為了保護隱私：資深企業領導者在這些對話裡分享他們的方法、他們的錯誤，以及他們從錯誤中學到的課題。同樣重要的是，這麼做也是為了避免模仿「最佳實務」的陷阱。當你讀到某家公司採行某項工具，那家公司的聲望會影響你對那項工具的判斷。不知道概念的出處，能讓你根據它的優點自由做出評判，並自問你是否可能把它應用在自己的情況。

　　這張技巧列表當然不是詳盡而完全沒有任何缺漏。它的目的是給你靈感，讓你思考自己的決策建築。每個組織都需要自己的技巧，每個領導者都可以隨心所欲的調整本書提出

的技巧，或是發明新的技巧。畢竟，雖然優秀的建築師都遵從同一套原則，但是沒有兩位建築師會設計出一模一樣的建築。

本章總結：以正確的方式做決策

- **成功不一定表示決策卓越**：機遇、風險和執行過程也都會左右結果。
  - ▶ 章魚哥打敗所有專家……純屬僥倖。
  - ▶ 踰越風險限制而獲利的交易人員，不是優良的交易人員。
  - ▶ 好決策的低劣執行成果，可能會讓好決策看起來糟糕無比。

- **倖存者偏誤**通常讓我們忘記這點。
  - ▶ 比爾‧米勒連續十五年打敗市場……這是拜日曆上的偶然之賜。
  - ▶「我們不應該以結果斷定人類行為的價值。」（白努利）。

- 如果有大量的應用，我們**可以評判決策方法的優劣**；數據顯示，方法的優劣取決於**合作與流程**。
  - ▶ 涵蓋一千零四十八項投資決策的研究顯示：流程的影響是分析的六倍多。
  - ▶ 這並不是因為分析不重要，而是因為分析是必備條件：優良的會議能補齊缺漏的試算表，但是試算表無法反過來發起會議。

- 因此，領導者的一項關鍵任務，就是成為**「決定如何做決定」的決策建築師**，在組織的決策實務裡引入合作和流程。

第三部

決策建築師

14
成功的對話技巧

我等到大家全體完全同意這項決策。然後，我提議把這件事
延到下一次會議做進一步的討論，讓我們有時間形成異議，
或許也更能理解這項決策的重點何在。

—— 阿弗烈德・史隆（Alfred P. Sloan）

想像現在是2000年代早期，你身在號稱矽谷之心的加州山景市（Mountain View）。新的一天在Google展開。你或許以為「Google人」正在停車場停好車，然後到在辦公桌前坐定，準備征服全世界。時間還沒到。事實上，停車場是激烈的滑輪曲棍球比賽的場地。球員拚盡全力，毫無保留，曲棍球桿在你來我往中敲擊碰撞，喊叫聲此起彼落，幾個球員因為筋疲力盡或是在衝撞中而倒下。一小群人為最奮勇的球員歡呼。當Google的創辦人賴利・佩吉（Larry Page）和賽吉・布林（Sergey Brin）在場上時，套用一句同事的話：「沒有人在客氣的，這是場肉搏戰。」比賽結束時，除了那些要去醫務室的人以外，大汗淋漓的員工才紛紛前往辦公室。

你或許會想，用這種方式作為開啟一天的序幕，還真是奇特。Google的領導者一定是想要透過運動點燃員工的企圖心。不過，在辦公室裡，即使收起滑輪鞋和曲棍球桿，「比賽」還是一樣激烈。會議中，Google人彼此呼來喝去，沒有人會小心呵護同事的感受。聽到員工說某個構想「愚蠢」或某個同事「天真無知」並不稀罕，各種斥責都是家常便飯。

這種管理風格絕對不是應該仿效的「最佳實務」。而今

日的Google當然也沒有當年那麼野蠻。不過，這個例子儘管極端，卻有可取之處：要達成好的決策，需要一些衝突和不愉快。然而，許多公司會因為害怕不愉快而避免衝突。

因此，問題在於要如何刺激適度的衝突，而不要造成絕對不必要的不愉快（當然也絕對不用出動曲棍球桿）？這是好決策的第一根支柱：歧異想法之間的衝突，不會惡化為人與人之間的衝突。要達成這個目標，我們可以根據當下要做的決策，籌畫一場真誠的對話。

對話不是即興發言

回想一下你最近參加的一場「普通」決策會議，例如審議一項投資提案的經營管理會議。有位經理人報告一項專案，秀出一大堆投影片。幾個與會者表示支持提案：就像許多公司常見的情況，專案提議者已經對重要與會者「打預防針」，推銷這個構想，以爭取他們的支持或至少確保他們保持中立。有決策權的高階主管請與會者表達意見，以求迅速達成共識。每個人很快意會到老闆對提案的感覺，小心翼翼的回答，以免說出不中聽的顧慮。每個人都理解，這時候才

說出疑慮已經太晚了。於是，提案一如預期順利通過。勝利的提案人回到焦慮等待的團隊，被問到會議狀況如何。「太棒了，」他說：「完全沒有討論！」

在許多組織，「順利」的會議就是沒有爭辯的會議。衝突的想法所引起的不愉快，有時會強烈到會讓人避免以真正的討論來壓抑異議。若是預料到歧見的出現，聰明的提案人會在會議之前與重要的利害關係人一對一會面，先行化解歧見。最後，會議變成虛應故事，只是為一個已經做成的決定蓋章背書。我們不難看出這種行為如何導致多種偏誤，像是群體迷思，那是當然，因為多數人已經贊成這項專案；確認偏誤，因為聽眾會跟著提案人的故事走；過度自信，因為沒有人對一個過度樂觀的計畫提出挑戰；自利偏誤，因為委員會的成員默許（或者，有時候是明示）交換對彼此專案的支持。決策會議成為一鍋大雜燴，所有偏誤一起在裡頭滾得冒泡。

這裡有一個耐人尋味的矛盾，不是所有的會議都像這樣嗎？例如，你曾經參加過創意研討會嗎？通常在會議真正開始之前，就會有人提醒參與者腦力激盪的規則：不批評；不自我審查；沒有「爛主意」；在篩選構想之前，你應該以別人的建議為基礎，進一步增益等等，諸如此類。無論這些方

法有效與否（許多證據顯示它們沒有效），沒有人會介意被告知要遵守規則，創意活動似乎奧祕到不能與「正常」會議相提並論。這與沒有具體規則要遵循的典型決策會議是多麼強烈的對比。講到決策，我們認為可以臨機應變，不需要任何具體的工具或技巧。

要解釋這個矛盾，還是要回歸對偏誤的盲點。如果我們聚在一起發想創意點子，但沒有想出任何東西，會立刻覺得自己很失敗。於是，我們樂意接納開會技巧，幫助我們避免一無所獲。但是，當我們聚在一起做決策，卻沒有察覺到扯後腿的偏誤。那就是為什麼我們可以接受沒有正式程序的決策會議。

但是，對話的進行不能靠臨機應變與隨興發展。容忍接納不同觀點不是一件容易的事，鼓勵不同觀點就更難了。要讓想法之間的衝突檯面化，但是不讓表達不同想法的人產生衝突，並不容易。要那些抱持堅定觀點並熱烈擁護那些觀點的經理人參與對話，並且坦誠的談話，還要主動傾聽他人的想法，這並不容易。但是，你還是有一些慣例作法可以用來刺激真實的對話。

為對話布置舞台

技巧1：確保認知有足夠的多元性

成功對話的第一項先決條件，說起來幾乎是廢話，那就是集合夠多元的觀點。

「多元性」的常見意義，也就是多元的背景，自然有助於促進多元觀點。但是，集合不同性別、年齡、國籍或種族的人還不夠，大家在同一個組織或團隊工作久了，就會有共同的訓練、經驗、成功和失敗。他們可能會形成同樣的假設、相信同樣的故事，一般來說也會受制於同樣的偏誤。有些關於集體解決問題的研究指出，解決問題的效能與認知的多元性相關（處理資訊方面的各種偏好），但不見得與人口統計特徵的多元性相關。多元的能力和觀點比多元的身分更重要。

認知多元的其中一個例子是，有位銀行董事長在挑選銀行的董事會成員時，會納入特定的資歷背景，例如風險管理專家、法律專家、總體經濟學家，和該銀行投資主力所在國家和部門的專家。顯然，這些背景能讓董事會成員以各自的專業而提供寶貴的實質貢獻。比較不明顯的是，這些董事為會議帶來的多元觀點與思維也有價值。每位董事都透過自身

經驗和個人傾向的稜鏡看決策，對於眼前的議題，即使不是
該領域的專家，看法都會與他人稍有不同。2008年的金融
危機之前，某些銀行董事會似乎就極度缺乏這種多元的觀
點。

技巧2：充裕的時間

對話的第二項條件，就像第一項條件一樣，在原則上不
言而喻，但在實務上經常遭到忽視，那就是給予足夠的時
間。進行深入的對話比徵得表面的同意要花更長的時間。

前述例子裡的銀行董事長通常會要求董事們每年撥
二十五天給董事會。每次會議長達兩天。當然，這個例子不
是通則。不過，這位董事長堅持，這是董事會運作效能良好
的關鍵，也就是說，背景和專業領域迥異的一群人要能有效
合作，參與真實、思慮周密的對話，就必須花時間共聚一
堂。多元性以及時間需求是相對應的：人們表達想法的方式
愈相似，就愈快認同彼此，即使他們根本全都錯了！然而，
人員愈多元，就要花愈多時間聽取彼此的觀點，以及讓某些
人改變自己的想法。

技巧3：把對話排進議程

　　對話的第三個條件與會議的議程相關。或許是要反應對無用、耗時、費神的會議太多所造成的實際問題，許多經理人現在相信，任何會議都必須做成決策，規規矩矩的在會議紀錄裡寫下「決議」、「後續步驟」和「行動項目」。這個觀點背後的想法就是，在會議結束時沒有做成任何決定就是失敗的會議。由此引申，任何無法在會議裡明確解決的事項，就不應該排進議程。

　　這個觀點立意良善，但卻是誤導。對話的基本前提條件就是要知道何時進行「討論」，何時進行「決議」。有時候，兩者會在同一場會議裡進行，討論之後自然做成決議。有時候卻非如此。具體表現這種區別的方法之一，就是在議程裡把一些主題標示為「今日決議」，其他則為「僅付討論」。這些標示能帶來非常不一樣的對話。

　　一個主題是要討論或要決議，取決於主題的發展程度。這是判斷問題，是領導者的特權。任何有效能的領導者都感覺得到「做決定的成熟時機」，以及還不到時候之間的差異。如果他能清楚表達那條界線在哪裡，團隊就會知道什麼時候催促他做決定是沒有用的。他們也會知道辯論何時結

束,何時已經到了做決定的時候。

對話的基本規則

一旦我們集合夠多元的一群人,聚集夠長的時間,而且有定義明確的議程,就能保證對話出現嗎?還沒。我們還需要一些基本規則。

不過,先聲明,這張規則列表與許多會議室牆面張貼的「優良會議守則」不同。「準時開始」和「離開前請清理會議室」之類的建議很好,但是與防範有害的會議行為所需要的基本規則還差一大截。真正需要的規則,是防範那些會助長群體迷思、抑制不同想法的表達,或是通常會阻礙對話的行為。設立對話的基本原則意謂著接受一個矛盾:為了鼓勵自由表達,我們需要一些禁令。

技巧4:限制PowerPoint的運用

如果你在尋找對話的障礙,也就是那些凍結對話並讓與會者昏昏欲睡的事物,PowerPoint投影片是一個不錯的起點。萬能的PowerPoint簡報投影片有個讓討論窒息的獨門絕

招，那就是把會議變成由單一觀點主導的單向道。就連海軍陸戰隊將軍吉姆‧麥堤斯（Jim Mattis）在擔任美軍聯合部隊司令時，都曾哀嘆道：「PowerPoint把我們變笨了。」

PowerPoint有助於呈現事實和主張，甚至可以為有益的討論建立基礎。但是在實務上，它通常用來隱藏論述的弱點、以視覺的花招讓觀眾分心、占用發言時間，並限制辯論的時間。

PowerPoint無所不在，那就是為什麼很少有經理人敢全面禁用它。但是，有勇氣這麼做的經理人，對於PowerPoint封殺令的成效深感滿意。「那些報告讓我們沒辦法討論，」一間家族企業的老闆這麼說，並且很高興可以因此改變會議調性。多年前，史考特‧麥克尼利（Scott McNealy）在昇陽電腦（Sun Microsystems）禁止使用PowerPoint，而他對於這項禁令的成果非常滿意，甚至毫不猶豫的做出一個令人意外的強烈宣告：「我敢說，全世界的每一家公司，只要禁用PowerPoint，獲利就會一飛衝天。」

要是這麼簡單就好了！避免「PowerPoint致死」的其他措施正在興起。例如，亞馬遜不採用簡報，但是要求提供「有結構的敘述的六頁備忘錄」給所有與會者，並在會議一開始時安排一段完全安靜的時間，大家一起閱讀。這不是選

擇使用不同軟體的問題，也不是偏好垂直方向的紙張勝於水平方向的紙張，就如亞馬遜執行長貝佐斯所言：「如果有人用 Word 製作要點列表，那和 PowerPoint 一樣糟。」備忘錄的價值在於強迫寫的人釐清議題、表明假設，並闡述連貫的主張，而不是「給想法搽脂抹粉」，並「忽視」它們的「相互關聯」。也就是說讀的人能夠以自己的步調，運用他們的批判力，發現其中的推論。但是，為什麼要在會議中一起讀備忘錄，而不是像大部分組織的標準做法，在會前寄發？貝佐斯說，這是因為「經理人就像高中生，會在會議裡虛張聲勢，一路矇混過關，好像他們已經讀過備忘錄一樣。」（多麼令人震驚！當然，或許你從來不曾這樣。）像是在自修室裡一起閱讀備忘錄，看起來或許奇怪，但是這能保證在辯論開始時，「每個人都真正讀過備忘錄，而不是假裝知道。」

　　同樣的原則也適用於董事會通常採用的「董事會會議手冊」（board book），那等於是一本厚厚的 PowerPoint 簡報集，但不只是在會議前發送。網飛已經以備忘錄取代這些會議手冊，董事會成員可以透過電子文件在備忘錄加上問題和意見。這份備忘錄長約三十頁，包含佐證資料的連結。這份備忘錄的目標和亞馬遜的目標一樣，時間應該花在實際的討論上，而不是報告和澄清資料的問題。

　　這種做法為什麼沒有廣為流傳？儘管PowerPoint有人家長久以來都承認的嚴重缺點，為什麼它仍然會在會議室鎖住與會者的喉嚨？為什麼我們不乾脆全都改為採寫備忘錄？很簡單，因為很難！一疊投影片和一篇好的備忘錄之間的差異，不只在於格式的選擇；撰寫備忘錄要投入相當多的時間、心力和技巧。網飛的董事會備忘錄是經過九十位高階經理人的審閱而成。貝佐斯對一份優質備忘錄的描述，值得不厭其煩的引用：「好的備忘錄要一寫再寫，與同事分享，請對方改良內容，然後放個兩天，以新鮮的心智再次編輯。它們就是沒辦法在一兩天內完成……好的備忘錄或許要花一週或更多時間才能完成。」這就是為什麼對大多數組織來說，全面禁止使用PowerPoint是過於激烈的做法；為PowerPoint的使用設立限制條件，反而是比較實際的目標。

技巧5：禁用誤導的類比

　　另一個實用的基本原則是禁止在會議中使用某些論述。採用檢查制度來刺激對話看似是矛盾的做法。但是，如同法庭有程序規定禁止使用不能採信的證據或論證，以免以不公平的方式影響陪審團，有些謬誤的論述也必須禁止。

　　有些類比尤其是如此。這些類比一旦出現，就會引誘我

們掉進說故事的陷阱。有一家創投公司的執行長就表示，投資委員會審議潛在投資案時，禁止引用類似企業作為參考；把潛在投資標的說成「下一個 WhatsApp」或是「該產業的 Uber」，會對討論造成無法導正的偏誤。即使後來指出對照公司的差異，那家公司的成功也會對你的評估產生錨定作用。類比的力量會壓倒任何理性的論述。

技巧6：阻止倉促做成結論

同一位創投家也建議一項技巧，可用來避免倉促的團體決策。在與他們考慮投資的新創事業創辦人會面時，他和同事都不准立刻回應募資簡報（pitch）。在創業家發表完簡報之後，投資委員會的成員會各自離開，一直到第二天之前都不進行會後彙報。這段冷靜期與所有高效能會議的原則相反（像是「每一場會議結束時都必須有決議」這種錯誤的信念）。但是，這位投資人說，如果要立刻做決定，「討論就會變成一場根據第一印象的辯論賽」。最強烈、但不見得是最深思熟慮的反應，可能取得最大分量而左右團體。禁止迅速決策能產生較佳的決策。

技巧7：列出「資產負債表」來鼓勵細膩的觀點

另一位知名的創投資本家，凱鵬華盈的蘭迪・科米薩（Randy Komisar）讓這個構想更進一步。他不讓投資審查委員對某項投資構想立刻表示贊成或反對。相反的，科米薩會請與會者做一張「資產負債表」，條列出贊成或反對投資的要點：「告訴我，這個機會有哪些好處，又有哪些壞處。還不要說出你的決斷。我不想知道。」按照一般的想法，每個人都應該有意見，也要清楚表達意見。但是，科米薩卻要求同事反其道而行！

當然，這個構想是為了防止各方立場僵持不下，讓大家有機會在聽到別人的觀點之後改變想法。此外，一如科米薩所說的，這麼做也是為了「凸顯……每個與會者都是聰明又博學，只不過這是一個困難的決定，而我們有足夠的空間容納不同的判斷。」

這是很少組織能夠落實的關鍵洞見。在處理困難、複雜的決策時，我們必須接受它確實困難而複雜。一個期望領導者對自己的判斷表現出滿滿自信的文化，會把領導者送入過度自信的陷阱，把團體推入群體迷思的深淵。辨識不確定性並鼓勵表達才是遠優於此的做法。

　　要落實這點，當事人必須樂見平衡、複雜、細膩觀點的表達。細膩絕對不可以被視為優柔寡斷或無能的象徵，而是頭腦清楚的表現。沒錯，領導者的角色是決策者，有時候需要接受複雜的問題，並把問題變單純。但是，到了選擇的時候，強加太多的簡化、過多的自信、太快達成一致的意見是危險的。切記那句據說是愛因斯坦所說的著名原則：「所有事都應該盡可能單純，但不是簡化。」

激發對話

　　一旦會議開始，基本原則也已建立，你仍然需要激發對話。激發對話的方法有很多種，要選擇哪些方法，要看你的管理風格和公司文化。以下的例子只是說明一些可能性。

技巧8：指定一個負責唱反調的「魔鬼代言人」

　　有項經過驗證的策略，至今仍然有支持者。因為本書接受訪談的一位經理人說，他採用這項策略，效果屢試不爽：「當每個人都告訴我某個主意很好時，我腦中那盞小小的警示燈就熄滅了。所以，我會選一個人扮演專唱反調的魔鬼代

言人，告訴我為什麼眼前這個提議其實是糟糕的構想。」那麼，他怎麼挑選扮演這個角色的人選？他表示，根據個性，「我一定會挑一個麻煩製造者，一個性格適合這個角色的人。」

這並沒有這麼簡單。你的管理團隊可能沒有很多天生喜歡為違背自己真實想法的主張辯護的人（或許這並不是壞事！）。更進一步說，魔鬼代言人冒著一個很大的風險：如果他全心投入這項任務，運用口才反對自己的盟友，他們反而可能會對他反感。甘迺迪深知這點，所以在面臨古巴飛彈危機時，他要求兩位顧問擔任這個吃力不討好的角色，而不是只派一個人從事這項工作。

基於以上以及其他原因，這項技巧難以實行。因為這種攻防很可能沒有什麼力道，或者讓事情變得更糟。研究證實這點並指出，人為造作的異議，效果不如真實的異議，也就是出自真心信念的表現。

不過，醞釀真實的異議有其他的挑戰。這可能要結合異議的內容和發聲者的個性。理想上，在兩個選項間做選擇不應該等同於在兩個人之間做選擇。這就是為什麼接下來的技巧（可以視為「魔鬼代言人」的替代選項）通常較受青睞。

技巧9：規定提出另一個方案

一項有力但少人使用的技巧是，要求提案時要提兩個案子，而不是一個。一家大型工業公司的財務長採用以下這條規則：除非提案者在提案時同時提出另一項方案，否則他不會聽取投資提案。

這項技巧能藉由創造額外的選擇來刺激辯論，讓決策者可以逃過單一提案的二元選擇：通過或否決。它還有一個優點，就是幫助我們克服第五章討論過的資源分配慣性問題。畢竟，財務董事可以批准單一部門的兩個提案，否決另一個部門的全部提案。如果兩個單位都只提出一項投資提案，他可能比較會想要同時同意兩個案子。

技巧10：選項消失測試

另一個產生選項的方法是運用奇普‧希思和丹‧希思在《零偏見決斷法》裡描述的「選項消失測試」（vanishing options test），也就是自問如果出於某個原因，眼前這些選項都變得不可行，你會怎麼做？這能強迫決策的參與者想出其他構想，有時候這些構想會出乎意料。

選項變多或許反而會讓決策變得更困難，這點不難了

解，這就是為什麼許多領導者都會試著縮小選項範圍來簡化事物。然而，反其道而行才是正途。具有多個選項才能提升決策品質。希思兄弟在提出改善決策的方法裡，把這項方針列為第一項。他們提到的一項研究顯示，只有29%的企業決策是在好幾個選項裡做選擇，而有71%的決策是針對單一提案表示「通過或否決」。但是，多選項決策的失敗率遠遠低得多（多選項決策失敗率比單一選項決策失敗率是32% vs. 52%）。

技巧11：講一個不同的故事

有時候，研擬更多選項並不務實。沒錯，愈是重要、不尋常或獨特的決策，愈難想出其他可信的方案。甚至，在決策者考慮任何選項之前，就必須先對情況有共同的理解，也要了解伴隨著各個選項而來的問題或機會。這時，他們需要的並不是多樣的選擇，而是多樣的角度，以便解讀情況或是考慮中的選項。

有助於達成這個目標的一項例行做法，就是用同樣的事實編織不同的故事或情境，導引出不同的結論。

例如，還記得第一章提到的銷售總監嗎？在那個例子裡，他根據手下一名銷售人員的電話，認定價格戰爭已經

開打。根據同樣的事實，第二個可能的故事是：「業務人員在一或兩個重要客戶那裡遇到純屬單一個案的困難，他遇到的困難，可能和產品的價格定位比較沒有關係，反而是和他的表達方式有關，因為價格不是、也不應該是我們的賣點。我們不需要降低價格，反而需要強化銷售人員的訓練和動機。」

第二個故事未必是真的，但第一個故事也不見得是真的。編第二個故事的好處在於促使銷售總監尋找不同的證據，從更大的範疇去驗證潛在的結論，而不是單純的證實「我們應該降價」。例如，為了證實或否決第二個故事，他需要客觀評估公司的競爭定位，包括但不限於產品的價格。這位銷售總監如果仍然聚焦在第一個故事，可能就不會要求做這樣的分析。第二個故事能拓展他的觀點。

有一家私募公司就採用這項技巧，要求投資提案人運用支持他們的「正面」故事中的事實，建構另一個故事，來支持基金應該拒絕這項投資的結論。這不是簡單的練習：被要求這麼做的人，一開始可能會覺得不舒服；而第一次看到運用這項技巧的人，有時候會覺得這麼做很虛假。但是，就像前述的「資產負債表」技巧，替代故事能讓參與者意識到決策所隱含的風險。當與會者體認到，只要思考有理，也可以

不同意投資選擇，這樣就能創造有利於對話的氛圍。

　　最重要的是，由同樣的人提出不同的故事，能緩解可能的歧見，讓歧見去個人化。魔鬼代言人在批判故事時，難免看起來像是在攻擊支持故事的人。提出兩個故事的人，讓別人可以選擇認同支持兩個故事的部分論述。對話因此變得更容易。

　　巧的是，這項技巧也點出利用一個偏誤（說故事的力量）去對抗另一個偏誤（確認偏誤）的方法。編另一個同樣可信的故事是以毒攻毒的方法。

技巧12：執行「事前驗屍」

　　在管理團隊裡激發真實對話的另一項有效方法，就是「事前驗屍」（premortem）。這個方法對於對抗過度自信和群體迷思的致命組合特別有效。它是由曾在第三章出場的「直覺式」決策專家克萊恩所發明。事前驗屍可以找出計畫裡原本沒有注意到的缺陷。事前驗屍的執行時間，是在最終決定之前，在某些反對意見或顧慮已經出現、但還沒有表達出來的時候。這項技巧是要大家一起想像一個專案在未來以失敗告終，然後進行「驗屍」，找出失敗原因。這就是這個新名詞的由來：在事前解剖相驗。

　　事前驗屍的進行，細節可能略有不同，但是核心原則很簡單。會議籌畫人宣布：「我們現在來到Ｘ年，而這項計畫已經一敗塗地、無法挽回。為什麼它會變成這樣一場災難？」於是，與會者寫下一連串可能的原因。然後，大家輪流與團體分享自己的想法。每個人都必須發表意見。

　　事前驗屍和幾乎所有團隊都在做的決策討論有什麼不一樣？不都是討論專案面臨的風險和不確定性嗎？有兩個微小但非常重要的差異。首先，還記得我們從後見之明得到的教訓嗎？我們比較擅長解釋過去發生的事，勝過想像未來可能會發生的事。事前驗屍巧妙的利用這個偏誤，讓我們穿越到未來，然後回頭看，並解釋在這個想像中的過去「發生什麼事」。克萊恩用一個巧妙的矛盾稱呼這個做法：高瞻遠矚的後見之明。第二，請大家寫下他們認為的原因，並規定每個人都要發表意見，能幫助異議者和懷疑者克服沉默的傾向，而保持沉默正是群體迷思的根源。

　　如果實行得當，事前驗屍通常非常有幫助。如果所有與會者都為同樣的原因擔憂，或許這些顧慮還沒有得到充分的探究。即使與會者提出的顧慮，不過是任何風險專案都隱含的不確定性的一部分，把它們列為執行過程中的監看重點卻很有用。不過，事前驗屍最有價值的成果，是找出還沒有討

論到的缺陷。一如桂格的執行長史密斯堡在斯納普收購失敗的幾年後所承認的：「要引入一個新品牌，而且是很有希望的新品牌，實在太讓人興奮了。我們應該要找幾個人扮演反方，為『不』收購辯護。」事前驗屍就能給予他們這麼做的許可（沒錯，也是義務）。

技巧13：組成臨時特別委員會

如果要求經營管理委員會去想像最糟的情況還不夠激烈，這裡還有另一個主意：把委員會全部換掉。以大部分組織的常態而言，所有事情都由最高管理團隊決定，無論這個團隊是正式稱為經營管理委員會或其他名稱，都是如此。但是，避免群體迷思或其他政治遊戲的最好方法，或許是依據不同的決策而變換群體的組成成員。

接受本書訪談的一位企業領導者描述到一項用在審議投資提案的技巧，他稱這項技巧為「六個朋友」。他說：「我們會從公司挑選六個分別來自不同單位的人，把他們聚集在一起。他們原先對專案一無所知，和我們在同時間一起了解專案。我們要求他們運用在工作中磨練出的技能，去問對的問題，挑戰觀念。」

這麼做很有用！員工被賦予這個意外的角色，就跟著扮

演起這個角色來了。他們比較不會玩政治遊戲，也比較不會採取「你對我好，我也對你好」這種有時候在現任委員會裡養成的做事方法。最高管理團隊成員會擔心，今天提案被批評的提案人，改天就會反過來批評自己的提案，這也是合理的顧慮。但是，這「六個朋友」不會有這種顧慮。他們關注的是得到一個機會，可以在執行長面前展現分析能力和商業判斷。給高潛能的年輕經理人嶄露頭角的機會，確實是這項技巧的附加優點。不過，它的主要作用是藉由改換參與者來刺激對話。

技巧14：把備忘錄鎖進執行長的抽屜

在某些情況下，前述這些技巧全都難以執行。由於決策必須保密，例如在探討大型收購案時，對話可能只限於非常小的群體。但是，群體愈小，偏誤的影響愈大。在這些情況下，就必須安排最終決策者和自己之間的對話，也就是讓分別處在兩個不同時點的同一位決策者對話。

收購案所帶來的一項挑戰，就是興奮的情緒（有些人稱為「交易熱」）籠罩著決策者和團隊，所以史密斯堡才會提到應該找人為負面評估辯護。另一個例子是基金公司在收購過程的連續幾個階段裡，隨著每一版新報告出爐，對於收購

案的疑問也一個接著一個消失。當團隊日以繼夜的工作，當協商需要迅速回應時，當事人可能難以保持頭腦冷靜。

「在抽屜裡的備忘錄」這項技巧是讓團隊和執行長在預定交易日前幾週一起坐下來，寫下一份備忘錄，列出絕對必須化解的交易破局事項。然後，執行長把備忘錄放下，收進他的抽屜，直到決策當天再拿出來。

到了決策日，執行長可以找一個完全具備所需專業並且得到他完全信任的人，針對決策進行對話，而那個人就是自己，或者更精確的說，是幾週前的自己，也就是比較不受決策時刻的情緒和偏誤所牽絆的他。這個問題找到妥善的解答了嗎？如果沒有，表示這不重要嗎？畢竟，不久之前才把這個問題列入這張清單的，正是他本人……當然，這個「對話」與真正的對話不同。但是，在關鍵時刻，它能幫助執行長與當下的壓力保持必要的距離。

對話的三個錯誤顧慮

講到決策過程裡的對話，這個主題經常會產生三個反對意見。我們必須在此化解這些顧慮，因為如果你無法真心相

信對話的價值，所有激發對話的技巧都沒有用。

　　第一個顧慮是擔心對話會淪為無盡的討論，會拖延決策，浪費寶貴的時間，甚至讓任何決定都做不成。這就是前文曾簡短提到的「決策癱瘓」的危險；有些組織深受這個弊病之害。要因應這種文化的領導者，或許會忍不住縮短討論、甚至省略討論以採取行動。（有一家跨國消費者產品企業有一陣子甚至把「要行動，不要爭辯」奉為不成文的準則。）然而，這通常是錯誤的。要提升決策的速度，犧牲品質不是必要條件（當然也不是充分條件）。本書提出的所有對話工具，共同的核心特質就是它們通常非常快速。比方說，典型的一次事前驗屍通常不超過兩分鐘。

　　Google前執行長艾瑞克・施密特（Eric Schmidt）把它稱為「異見加上期限」（discord plus deadline）：安排表達異見、對立和對話的機會，但是也要事先設定停止討論並開始做出決定的時間。「誰來執行期限？」施密特反問道：「我。那是我的工作。或是會議的負責人。」就像施密特的評述：「如果只有異見，那跟在大學裡沒什麼兩樣。」

　　第二個顧慮是策略性決策的對話，最後會經由妥協而達成協議，形成平庸、鬆散的共識。但這純屬是誤解，對話並不意謂著民主。對話結束時，決策者才是做決定的人。決策

者在聽過討論後做決定，但沒有義務採取多數人的觀點。

　　沒錯，這並不容易。前文引述的一位經理人就指出，對話的策畫「一點也不舒服，比溫和的讓大家達成協議還不舒服得多。」那就是為什麼透過對話領導團隊需要真正管理的勇氣，那不只是執行期限並拍板定案的勇氣，還有違逆團隊部分人士所表達意見的勇氣。如果出現和稀泥的妥協，這不是因為對話使然，而是有和稀泥的決策者造成的。

　　第三個顧慮，是必須做出明確的最終決定。如果有真正的對話，人們就會表達相衝突的觀點。決策一旦拍板定案，少數者還是必須執行決議。他們會拒絕執行自己反對的策略嗎？避免公開無謂的表達分歧的觀點，就不會有任何人落到尷尬的處境，不是比較好嗎？

　　經驗與研究都顯示，事實正好與此相反。一場人人想法都公平受到傾聽的真實對話，可以鼓舞參與的人。作家金偉燦（W. Chan Kim）與莫伯尼（Renée Mauborgne）稱此為「公平程序」（fair process）：如果人們的觀點有機會表達出來並被聽到，一旦最終決定做成，所有貢獻意見者的動機都會增加，而不是減少。當然，有一些前提必須成立，也就是遊戲規則必須清楚，對話必須尊重，傾聽必須真誠。做做樣子的諮詢和創造表面的共識，都是動機的殺手。讓主管變得

多疑忿怨的，莫過於假裝聽他們怎麼說、但實際上只是希望他們為自己已經做成的決定背書的老闆。

　　籌畫對話不是輕鬆容易的事，尤其是組織還不習慣的時候。但是，對話是對抗大部分偏誤的先決條件。對話能藉由提出不同的故事來克服模式辨識偏誤。對話能讓心有疑慮的人發聲，扼阻行動導向偏誤。對話也能防範慣性偏誤，因為在對照衝突的觀點時，我們必須挑戰現狀。最後，只要實行得當，對話也能預防群體迷思。由於種種原因，對話是健全決策建築的第一根支柱。

本章總結：對話

- 在太多公司，成功的會議就是沒有討論的會議。但是**對話是對抗偏誤的要件**（群體迷思以及其他偏誤）。

- **為對話布置舞台**：對話不會「就這樣發生」。
  - ▶ 認知的多元性，以及足夠的時間。
  - ▶ 明確的議程：「決議」或「討論」？

- **為對話設定基本規則**。有些禁止事項有助於對話，例如：
  - ▶ 限制使用 PowerPoint。
  - ▶ 禁用誤導的類比、倉促做成結論，以及因為觀點強烈而贏得支持。

- **激發對話**：運用技巧，藉由擴增選項和解讀選項，來改變辯論的本質。
  - ▶ 要擴增選項，可以採用魔鬼代言人、規定兩個方案並呈、選項消失測試、講另一個故事。
  - ▶ 事前驗屍：「假設現在是五年後，專案失敗了。為什麼？」
  - ▶ 臨時特別委員會：例如，成立「六個朋友」小組。
  - ▶ 抽屜裡的備忘錄：六週後做決定時，有哪些事項會讓我們的計畫喊停？

- **不要害怕異議**：由領導者做決定。
  - ▶ 對話不能沒有決定：「異見加上期限」（施密特）。
  - ▶ 對話不會打擊意見沒有獲得採用的人，虛假的共識才會。

15
從不同角度看事物

我們相信上帝。至於其他人，請提出資料。

—— 無名

2007年與2008年間，次貸危機來襲，大部分大型銀行都非常震驚。他們所有的模型、所有的分析，和所有來自評等機構的評分都顯示，引發崩盤的那些貸款都不具高風險。銀行以及其他投資人蒙受天文數字的損失，觸發空前的金融危機。

當然，少數看到危機即將來臨的人是例外。其中一個人就是麥可・布瑞（Michael Burry）〔後來在電影《大賣空》（*The Big Short*）裡，由克里斯汀・貝爾（Christian Bale）飾演〕。他在早期就看出問題：要是房屋市場衰退，基本上已經沒有償債能力的借款人就會還不出貸款，然後泡沫就會破滅。就像他後來寫的：「我認為房貸泡沫會破滅，等到那個時候，它會拖垮大型金融機構，而華府沒有一個人有興趣聽聽我這個結論究竟是怎麼來的。」當他的預測在2007年成真，布瑞的基金賺進大約七億五千萬美元。採取與一般意見相左的立場，成為投資人所說的反向投資人，有時候獲利非常豐厚。

不過，麥可・布瑞是何方神聖？是哪家大銀行知名的策略家嗎？還是華爾街證券經紀公司的交易員？都不是。他是位科班出身的醫生，後來停止執業，全職投入他的嗜好：股市。他用儲蓄和向家人與朋友借來的錢，創設一個小型投資

基金。在投資專業人士的眼中，布瑞是個門外漢。事實上，他在其他方面也像個局外人：他不善社交，而且有亞斯伯格症候群（根據他自己的評估）；他和太太是透過徵友啟事認識的，他在啟事裡這樣描述自己：「單身，獨眼，負債累累。」不難明白，布瑞為什麼不去高盛上班。

尋求不同的觀點

　　像布瑞那樣逆向、「歧異」的想法是無價之寶。但是，這種想法不會憑空出現。在許多銀行內部，有些員工也對次貸泡沫表達類似的憂心，但是沒有人聽。是因為這些人沒有像布瑞那麼堅持嗎？或是因為環境讓他們打退堂鼓，沒有堅持不懈的去宣講想法？追根究柢，這些是同一件事。企業很少歡迎抱持歧見的人，或容忍叛逆的想法，更別說把他們的結論融入策略性決策。

　　顯然，這個麻煩大了。我們在前一章看到，對話是好決策的根基，但如果是全都想法相同的人進行對話，那麼對話也是浪費時間。要如何確定我們在討論情況和機會時，在場的人各有不同的視角？如何克服讓我們自然趨向全體同意的

群體迷思和確認偏誤？如何才能讓自己從不同的角度看事物？

歧異的想法要能蓬勃發展，我們就必須歡迎那些有異見的人。這意味著要培養多元性、引進挑戰者，並容忍有時候很惱人的差異。

技巧15：培養非正式顧問

許多不想要與公民社會脫節的政治領袖都有非正式、非官方的顧問團，負責提供他們「離譜」的構想。秉持同樣的精神，許多企業領導者也會確保自己不會與現實脫節，而培養一群由討厭鬼、特立獨行者和麻煩製造者組成的非正式人脈網。這麼做能實現同樣的功能：帶給他們歧異的觀點。

由於非正式是這個角色的重要特質，這些顧問有各種名字，畢竟「奇人異士」不算是職務名稱。他們有些被稱為執行長的特別顧問，或是內部顧問。許多人是在組織裡正式職位之外擔任這個角色（通常是幕僚角色，像是轉型總監、創新長或是特別專案召集人）。但是，他們真正的附加價值，在於他們提供歧異觀點的能力。

除了「不同凡想」的能力，得到執行長的聆聽也很重要。雖然說他們很特立獨行，但並不全是離經叛道的人。一

位曾經成功讓幾家垂危的公司起死回生的經理人，帶著一小
班顧問，跟著他經歷所有的冒險。他信任這個由信實的追隨
者組成的核心團體，不只是因為他們的才智和創意，也是因
為他們絕對的忠誠。他說：「我的風險在於自以為萬能、任
憑誰的話都不聽進去。由於我進入一家沒有任何認識的人、
而且每個人想法都一樣的公司，所以我必須把立場獨立的人
帶在身邊。如果我是錯的，只有他們會告訴我。」

此外，許多企業領導者都會在組織內部維繫非正式的人
脈網，以確保自己得到歧異的觀點。他們會和通常不會接觸
到的層級裡的人建立或維持關係，在重要決策上把他們當成
無過濾裝置的回聲板。一位在公司投入二十年光陰一路往上
爬到高位的經理人，非常用心的與職涯中每一個階段的同儕
經營友好的關係。這些人都明白，儘管他現在貴為執行長，
他們現在還是可以對他坦白說實話。

技巧16：取得未經過濾的專家意見

內部的歧異性有其限度：如果你想要不同的觀點，通常
必須在組織外面尋求。最明顯的方法就是尋找外部專家。這
裡的挑戰在於外部專家的意見通常會傾向提供相同觀點，而
非歧異觀點。

　　以一件涉及複雜稅務的收購案為例。提供諮商的稅務律師自然會仔細研究這個議題，指出收購公司可能涉及的風險，並計算風險成真時的潛在成本。稅務律師的任務是警示風險，而不是判斷這些風險是否合理。此外，無論後來發生什麼事，他都必須確保沒有人可以把問題怪到他頭上，藉以保護自己的聲譽。與他互動的人都是法務或財務部門裡的稅務專家，他們也有同樣的風險規避觀點。等到專家意見在歷經許多迂迴曲折之後，終於送到執行長的桌上，就只等著以整體評論來表達支持的論點。

　　在這種情況下，本書訪談的一位執行長提供了一個有意思的突破方法。他的方法是消除專家和自己之間的層級，讓對方與他進行個人會談。這樣一來，他就能探知對方的口風，挖出深層的想法。基本上，他會這樣向對方說：「我讀了你的報告，理解你應該要對我警示風險。但是我的工作是決定承擔這個風險是否值得。這些事就我們兩個知道就好，不列入紀錄，我想要知道：如果這是你的錢，你會冒這個險嗎？」

　　當然，不是所有的專家都願意回答這個問題。但是試圖回答的人必然是採取不同的觀點，而且通常是歧異的觀點。他們放下列出所有風險的專家觀點，採取經過謹慎盤算後承

擔風險的領導者觀點。此外，專家吐露的真實意見通常與出現在書面上的陳述略有不同。這並不意外，這些真實意見和那些與專家互動的內部人士所持的觀點，兩者不一定像表面那樣看起來完全一致。

技巧17：別讓你的顧問知情

除了處理專精技術議題的專家之外，外部顧問也可以為整個專案引入不同的觀點。因此，他們是歧異洞見的無價來源。（確實，這個評論來自多年擔任策略顧問的我，這或許也逃不掉偏誤的影響。）

然而，就像內部人士和專家，顧問有時候也會造成附從和群體迷思。為了緩解這個風險，可用一個有幫助的做法，就是挑選不會受到薪酬結構影響判斷的獨立顧問：如果一個人是靠交易成立或某套資訊系統受到採用而得到酬勞，你就很難期待他們根據交易是否合理或應該挑選哪項科技而提出公正的建議。

除了這個看似想都不用想（但通常遭到忽視）的原則，還有一個觀念能幫助你充分利用顧問：把他們蒙在鼓裡。或者，更準確的說，向他們提問時，問題的鋪陳方式要能夠不影響他們的建議。

有位執行長處理收購案的方法，正是這條反直覺原則的寫照。一般而言，公司會引進顧問對特定收購對象進行盡職的查核，例如確認收購目標公司有良好的策略，容易與收購者結合。然而，這位執行長明白，無論顧問有多麼努力保持超然中立，他對專案的想法都會影響他們。因此，他不是請顧問分析他心目中的候選公司，而是要求顧問提出對產業的整體觀點，以及為公司提出策略選項的概觀。當然，這種非傳統方法都要耗費更多的時間和成本。這也讓顧問相當不自在，因為他們要回答的不是一個封閉式的問題，而是必須思索種種可能。但是，如果顧問的建議驗證執行長的假設，那麼執行長就會知道，這個建議出於偏誤的機會極低。相反的，如果顧問給出不同的建議，這項歧異的意見對客戶就有極高的價值。

技巧 18：指定外部挑戰者

也有人贊成運用歧異觀點的另一個來源，也就是外部挑戰者。有一家大型藥廠把這個做法融入策略規畫流程，成為必要的環節。在思索年度最重大的兩、三件議題時，該公司會請來一位「外部挑戰者」，針對某單位與該議題相關的計畫進行批判分析，並向管理團隊報告結果。

　　這個方法的價值多半取決於挑戰者的專業，以及公司是否有能力在各個不同的地方徵召到挑戰者。被認為是關鍵意見領袖的醫師能夠就他們專科或某個治療領域的演進方向提供觀點。公司的退休經理人也能在敏感的組織變動上提供建言。公司投資的新創事業領導者，也能從產業的科技前沿提出新鮮的觀點。就像董事會成員，挑戰者也是有薪工作，但是他們通常不是為了金錢而接受這項工作（事實上，他們經常把這份酬勞捐給他們選擇的慈善機構）。他們之所以擔任挑戰者，是因為可以在感興趣的主題接受智識挑戰，也有機會可以向全球產業領導者的最高團隊報告結論。

　　歷經這個挑戰程序，受檢視部門的策略計畫通常會修改部分要點，整合挑戰者的建議。至於其他部分，管理團隊和挑戰者就保持「和而不同」：這能讓最高經營團隊有機會聽到同一個議題的兩種不同觀點。

技巧19：組一支紅隊，或是安排戰爭遊戲

　　創造歧異還有一個更為極端的方法是透過強制規定。你可以不用尋求第二意見並檢視它是否與第一意見有歧異，而是指示團隊刻意以反方觀點做評估。如果提出第一份提案的團隊稱為「藍隊」，那麼就要有一支「紅隊」擔任反方，為

反對觀點辯護。

　　基本上，紅隊就是火力全開唱反調的魔鬼代言人，它不是仰賴單一個人的批判思維和口才，而是利用獨立的事實蒐證和分析。這個方法的好處是，最終決策者能在聽取兩種同樣經過詳實研究而得到的觀點，然後形成自己的意見。決策者的定位有如聽取辯護律師和檢察官言詞辯論的法官，雙方都盡了各自最大的能力，進行最充分的研究，建構最佳的論述。

　　這種重覆編制可不是免費的。每項例行事務都指派兩個團隊並不符合經濟效益。此外，策畫「藍隊」和「紅隊」的對立也會造成衝突。基於這些原因，這個方法只適用於高風險決策。不意外，這個方法的起源，是來自會因為錯誤證據解讀而有慘重後果的軍隊和情報單位。

　　這項技巧的一個變化是讓紅隊擔任預測對手反應的角色，稱之為「戰爭遊戲」（war gaming）。有些公司運用戰爭遊戲來預測競爭者的反應，藉此避開忽視競爭者的陷阱，就像第四章討論的寶僑家品如何在與高樂氏的攻防戰下慘遭滑鐵盧。

　　紅隊的另一個作用是消除利益偏誤效應。巴菲特針對收購案的研究提出這個方法的變化做法，尤其是針對牽涉換股

的收購案（這種架構會讓評估更形複雜）。根據奧瑪哈神諭的說法：「董事在聽取顧問〔也就是投資銀行〕的收購建議時，在我看來，只有一個方法可以進行理性而平衡的討論。董事應該聘請第二位顧問提出反對收購案的主張，而第二位顧問的顧問費是取決於未通過議案的金額。」巴菲特以一貫的風格總結論點：「不要問理髮師，你是不是該理髮。」

技巧20：利用群眾智慧

　　尋求歧異觀點，最後一個、而且也很重要的方法，是一個非常少有公司會運用的方法，也就是請教自家人。早在1907年時，統計學家法蘭西斯・高爾頓（Francis Galton）就已經證明「群眾智慧」這個矛盾的現象。他發現，在一群人當中，整體的平均估計值比占絕大多數的估計值還準確：沒有共同特定偏誤的個人，他們之間的錯誤沒有相關，於是彼此抵消。因此，這種眾人意見可以產生相當清晰的想法。

　　與事情相關的「群眾」所做的簡單平均估計值，通常是一個不錯的估計值。這個觀念有許多改良的技巧，像是如何挑選「正確」的群眾，或以更精細的方式結合預測。其中一項技巧就是設置預測市場。預測市場的參與者，要做的不是單純的估計，而是交易合約，而合約的價值就取決於未來事

件。比方說，如果你想知道某家競爭者是否會開始擴張新產能，那麼你可以這樣建構預測市場：在某個日期之前，如果競爭者宣布擴張產能，合約就支付10元；如果沒有，合約就作廢。在任何時點，市場的均衡價格反映的就是這個未來事件發生機率的總體意見。如果合約的交易價格是7元，這就表示市場裡的交易者整體認為競爭者有70%的機率會擴張產能。隨著新資訊的出現，交易者會把新資訊納入考量：如果競爭者發布令人失望的季營運數字，那麼參與者會因此認為產能較不可能擴張而賣掉合約，價格就會下跌。新的均衡價格反映以交易者賭注金額加權的新總合機率。

有些公司在考慮何時推出新產品時，會運用群眾智慧法取得可靠的預測。可想而知，銷售人員是徵詢銷售預測的最佳人選，而他們的總合估計值可以作為非常可靠的指標。

群眾智慧法的主要缺點就是透明，這也是為什麼它們廣為人知又高度有效、卻沒有更廣泛運用的主要原因。總合個別銷售人員的預測，而且每個人都看得到，可能會變成自我應驗的預言。好消息是，如果預測樂觀，當然能提振士氣。如果預測大剌剌的呈現悲觀，或許也是一件好事，畢竟，如果你們公司的銷售人員一面倒的認為新產品是廢物，你也應該知道這個實情，或許還要重新考慮是否要上市。但是，如

果預測結果只是平平呢？半信半疑的銷售人員一旦發現，他不是唯一一個懷疑新產品是否有吸引力的人，他會不會更加意興闌珊？一個新產品原本還有不錯的機會可以創造還算像樣的成績，但這樣一來，可能真的就沒救了，如果你害怕這點，那麼可能不應該冒這個險。

在目標還不是做決定，而是徵詢並評估想法時，運用群眾智慧比較沒有風險。例如，策略規畫、企業轉型或刺激創新的早期階段就是如此。向數千個員工借腦力過去在實務上有困難，但是科技處理大量質化意見的效能一年比一年增加，這個方法有潛力成為接近現場、搜集歧異意見的管道。

以偏誤對抗偏誤

在其他引出歧異觀點的方法裡，講到反制最頑強的偏誤，有三個方法的成效特別突出。它們共同的特點就是以毒攻毒、借力使力來克服偏誤。

技巧21：以反錨定效應對抗錨定效應

我們在第五章看到，要克服資源慣性有多麼困難：它的

成因多半是錨定過去的數字，讓應該大幅改變資源分配公司無法改弦更張。錨定之所以如此強而有力，是因為我們對它的出現渾然不覺，因此難以抵抗它的牽引。為了對抗錨定效應的引力，我們需要不同的定錨，把我們拉向反方向。這就是重新定錨（re-anchoring）。

在預算流程裡採取重新定錨的大型公司，在運用時有好幾種變化，但是原則全都一樣。首先，重新定錨需要一個簡化的預算分配模型，也就是用「機械化」方式做出預算分配。這個模型通常以較少的標準去評估每個單位的策略訴求，包括市場規模、成長、獲利率等等。但是，在把資料輸入模型時，不考慮這些單位在過去所分配到的資源量。運用這些相關（即使不足）的輸入參數，這個模型可以產生「乾淨」的資源分配，也就是忽略過去數字的分配。

不用說也知道，這個簡化的模型無法用來決定真正的資源分配。但是，它能改變討論的標準。如果去年的行銷預算是一百元，下一個年度的預算討論一般都會繞著這個數字打轉，或許是在九十元到一百一十元之間。但是，你們看，模型建議的預算是四十三元！當然，沒有人會提議真的採用這個數字。或許大家還是有很好的理由把預算維持在一百元，甚至提高預算，但是這些理由是什麼？我們現在必須自問這

個原本連提都不會提起的問題。現在，預算的辯論採用兩個數字作為「定錨」，而不是只有一個，調性因而大不同。

　　原則上，機械化模型產生的分配不應該完全與歷史數據不同。假設整體策略的歷史數據相對一致，模型設定計算所採用的參數反映這項策略，模型也經過正確的調整，那麼在大部分的情況下，模型和歷史數據應該會產生普遍一致的數字。用太多時間討論數字本身沒有什麼意義：討論頂多只能促成微小的變動。花更多時間討論過去預算與模型估值有巨大歧異的事業單位，反而比較好。把管理時間投注在這些真正需要深入檢視預算的單位，是重新定錨的附帶利益。

技巧22：以多重類比對抗確認偏誤

　　就像錨定效應可以用重新定錨來對抗一樣，會導致我們不自覺接受誤導類比的確認偏誤也有個剋星，那就是多重類比。這個做法是尋找有替代或反向平衡作用的類比，來平衡通常是基於個人經驗或記憶深刻的情境而第一個浮現我們腦海的類比。

　　要想出多重類比似乎沒有那麼困難。比方說，在伊拉克戰爭期間，美軍司令部的策略分析師卡雷夫・賽普（Kalev Sepp）很快就發現，全部軍官在心目中都把這場戰事類比為

越戰。賽普想，越戰是個耐人尋味的類比，但是有沒有其他
或許也同樣相關的類比？有沒有其他的反叛亂情況，可以讓
美軍借鏡來判斷哪些做法有效、哪些無效？在幾天之內，他
提出二十幾個類比，每一項都至少和越戰同等相關。運用多
重類比，能開拓我們的心智，迫使我們對抗最先浮現腦海裡
那個主要類比的牽引。

技巧23：以改變預設立場對抗現狀偏誤

就像錨定效應成為資源重新分配的絆腳石，現狀偏誤也
會妨礙企業質疑自己的選擇而導致各種後果，例如留住應該
出售的事業。這個問題還是可能透過以毒攻毒來解決。要對
抗現狀偏誤，就必須把挑戰現狀當成預設選項，而不是需要
特別投入心力的主張。你可以建立一個挑戰慣例的慣例。

一家大型多角化企業就採取這項原則：它要求所有的
事業單位都要定期接受業務組合檢討（一年一度或兩年一
度）。檢討會只問一個簡單的問題：如果這家公司不在我們
旗下，今天還會收購它嗎？這個問題與傳統策略檢討會議
中，企業經理人檢視事業單位的績效、對管理提出問題，並
嘗試找出成長潛力的做法迥異。這種傳統檢討會的運作有個
未言明的前提，那就是這個單位本來就應該是公司的業務組

合。而業務組合檢討把舉證責任轉移給事業單位：它必須提出能創造足夠價值的計畫，讓它有理由繼續存在於公司。若是沒有，棄置問題就會立刻浮現。

還有一家公司把這項原則應用於人事流程。該公司的執行長把人事考評描述為每年「重新聘任」資深主管或高階經理人。考評的核心問題是為了回答這個問題：如果這個人不在這裡工作，以我們觀察的績效、估計的成長潛能，今天還會聘用這個人嗎？

當然，這些例子都是特例。不是所有公司都能夠、或應該遵循這種鼓勵多角化集團進行業務組合檢討的純財務邏輯。至於第二個例子裡的那種極端的人力資源理念，能接受的公司甚至更少。但是，只要是必須挑戰現狀時，同樣的原則都適用：我們必須設立慣例，讓挑戰現狀成為預設選項。

找出正確的事實

歧異不可或缺，但是多樣選擇再度匯總的時機也會到來。等到你聽過多種觀點、鼓勵外部挑戰，也大致做到歧異化之後，你要怎麼決定哪個觀點是對的？

當然，選擇必須根據事實。美國參議員丹尼爾·派屈克·莫尼漢（Daniel Patrick Moynihan）有句名言：「每個人都可以有自己的意見，但是事實不會因人而異。」如何找出正確的事實，並正確解讀事實，這是個龐大的主題，遠遠超過本書的範疇，不過有五個相對簡單的做法可以幫助我們。它們全都有助於對抗偏誤，一般而言決策者也很少採用。

技巧24：運用標準化的架構

第一個做法根據的原則和檢核表一樣：建立架構，列出必須做決策時要考慮的標準。把標準化的決策架構明文化並嚴格遵守，可以在各種必要的歧異出現之後，有效的讓討論回歸相關的基礎。

這個想法乍看之下通常會讓人嚇一跳，尤其是在考慮重大決策之時。我們往往會認為自己的決策是獨特的，不能縮減成一個以預設條件建構而成的架構或檢核表。一如葛文德真知灼見的評述，製作、遵循檢核表「不知怎麼的，就是讓我們覺得不夠好……關於真正的高手如何處理高風險而複雜的狀況，它違反深植我們內心的想法。」

但是，運用架構並不表示把複雜的決策交給勾選方格的例行工作。這只是因為我們體認到，儘管在決策者眼中，許

多決策都是獨特的，但其實它們都屬於已知的類別，而每個類別都有相關的決策架構。醫藥公司應該可以輕易界定，研發專案要從一個發展階段進入下一個，過程中必須達到的投資報酬率門檻。一家創投資本公司也知道任何投資提案必須回答的關鍵問題。

當這些決策架構都躍於紙上並提供給大家共用，就成為討論和決議的基礎。當然，領導者永遠可以決定把架構放一邊，因為有些決策真的非常特殊。但是，即使是在那些情況下，架構的存在本身也有其益處，那就是迫使大家討論某個決策究竟為什麼是獨一無二的。

許多公司不是把架構轉化為正式的檢核表，而是融入報告規定的格式，涵蓋各類重覆性決策相關的標準。例如，有一位執行長改良標準化的投資提案範本，連在最微小的細節都改進。他用這種方法來限制一種風險：提案者只挑選支持他所說故事的論證，而忽略或淡化提案中較不具吸引力的層面。

有些人擔心架構的定義、決策規則的正式化以及範本的採用會產生負面效應。他們擔心實施這些工具會讓討論失去生產力，減少原創主張的可能，而最終完全不去冒險。這個顧慮有其根據：有些公司確實會用架構和檢核表替代管理決

策，而不是用來輔助。有些官僚組織視這些為平息辯論的方法，讓任何管理勇氣變得不必要。如果決策會議在公司只是作為提案的橡皮圖章，那麼調整架構也不會改變這點。

但是，在一個重視真實對話和表達歧異想法的公司裡，定義良好的架構如果能結合這裡提到的其他技巧，就能發揮相反的效果。前述（以及其他許多位）執行長就發現，共同的架構不但不會阻礙對話，反而能推動對話。遵照範本能防止專案領導者在報告時篩選事實，如果沒有把風險壓到最低，就是扭曲現實。這也表示在決策會議上，與會者可以更快的吸收基本資料，空出時間來辯論。那時，參與者必要時可以自由退一步來表達他們的觀點，對計畫展開真誠的對話，而這種對話之所以能夠有豐碩的成果，正是因為他們對同一套事實有共識。最後確實要由執行長來做風險決策，但是他做的決策是基於專案所引起的風險水準屬於合理範圍，而不是風險在他面前被隱藏起來了。

技巧25：事先界定決策標準

預先界定的架構和範本只能用於重覆性的決策。至於獨特、一生難得一見的選擇，像是重大結構改組或大型合併案，就不能付諸制式的檢核表。然而，這些決策仍然可以受

惠於同樣邏輯的應用。如同重覆性的決策，這些決策也必須避開的危險，就是根源於過度依靠直覺和確認偏誤的說故事陷阱。一如我們已經看到的，一個好故事的力量可能足以讓決策者放大某些條件的分量，而忽視其他考量。但是，這個問題還是有解方，即使實行不易：你可以早在最終決策之前就明白界定決策的標準。

有一間家族企業的代理執行長，就在企業董事長所做的一項決策裡看到這個方法的力量。在一項重要的海外收購案中，在歷經兩家公司的管理團隊漫長的協商之後，這位代理執行長即將簽署交易。就在這時，出乎每個人意料之外，董事長在最後關頭否決這項協議。他在一開始就列出決策標準，其中包括「我有信心我們的團隊和目標公司的管理者能夠攜手合作，讓這項交易成功嗎？」董事長刻意不告訴代理執行長，他會觀察兩個管理團隊在談判階段的互動，據此在關鍵議題上做決定。代理執行長得知董事長這臨門最後一刻的決定，還有他看似出自靈機一動而提出的解釋時，你可以想像得到他的驚訝和失望。然而，當他回頭省思他與目標公司管理團隊的激烈互動，他承認董事長的決策是明智的，整合兩家公司會比預期還要困難得多。董事長唯有參照他預先立下的評判標準，才得以和談判的動態保持必要的距離。

技巧26：對你的假設做「壓力測試」

　　無論你使用哪種架構或標準，你的決策或許都仰賴某種量化分析。量化分析的品質和深度當然很重要。大部分公司都運用同樣的分析工具，但是公司在運用這些工具的精熟程度卻有很大的差異。最厲害的公司會把時間花在探究計算背後的假設，並進行「壓力測試」，而且不只是在準備提案時做，決策委員會也會這樣做。

　　例如，審議投資提案時的一個慣例是建立多個情境，包括「最糟狀況」。當然，作為一項計畫的壓力測試方法，這麼做有道理。但是，這也可能適得其反，讓人產生虛幻的安心感。當假設的「最糟狀況」其實不是真正的最糟狀況，反而只是比平時糟一點時，就會發生這種情況，而且這是經常有的事。對計畫背後的假設進行壓力測試時，不應該只是調整最明顯的變數，也應該包括對基準情況視為理所當然的假設提出挑戰。

　　一位執行長講述到，他曾經收購一家在迅速衰退的市場裡陷入困境的公司，希望挽救部分資產。他深知這是一個高風險的豪賭，於是建立一系列的情境，全部都相當悲觀。他所設定的最糟情境是，預期目標公司的營收在收購後那一年

會跌40%，但你或許覺得這其實相當保守。然而，後來成為最關鍵的那個因素，也就是反托拉斯的主管機關核准這項交易所歷經的時間，並沒有納入模型。結果，審核時間比執行長（未言明）的預期還要長很多。由於營收的萎縮程度和最糟情境的預測一樣，六個月的延遲相當於營收額外下降20%。這項交易最後以慘重的損失收場。

技巧27：尋找參考組別，作為外部觀點

我們在第四章看到計畫謬誤，以及更廣泛而言，預測過度樂觀的傾向。可以用來壓制這個偏誤的原則是外部觀點，如同康納曼在《快思慢想》裡所描述的。它在預測問題上的實務應用就是所謂的「參考組別預測」（reference class forecasting）。

為了說明這點，我們先思考一個專案的時間架構和預算的一般規畫方法。如果你是主事者，會為專案的各個階段和成本做計畫，把它們加總起來，當然接著就是額外加上一個安全邊際。這是內部觀點：它的起點是你的專案以及你對專案所知道的一切。比方說，如果你今天負責籌備2024年的巴黎奧運會，這會讓你覺得有把握控制預算，就像法國運動部長在2016年所解釋的：「成本沒有理由會膨脹。」

　　現在，思考外部觀點會怎麼說。採取外部觀點的意思就是把這個專案放在許多類似專案裡考慮。這組稱之為「參考組別」的比較專案，能提供類似專案所需的時程和預算等相關統計資料。以2024年巴黎奧運為例，最自然的參考組別當然是之前各屆的奧運會。牛津大學的班特・佛賴夫傑格（Bent Flyvbjerg）與同事愛麗森・史都華（Allison Stewart）彙總1960年到2012年所有的奧運會資料，發現每一屆都超過預算。以名目金額計算，預算超支幅度是324%（或者說，經過通膨調整後，「只有」179%）。知道這點，如果你要賭2024年奧運的支出是否會維持在最初的預算內，該怎麼說呢？

　　內部與外部觀點的差距不一定都是這麼明顯，但是外部觀點通常比內部觀點可靠。矛盾的是，在忽視目標專案的特殊特質時，估計值會更準確。由於這麼做能遠離確認偏誤和過度自信，因此資訊較少，準確度反而較好。在英國，財政部與交通部所有大型基礎建設計畫規定採用的預測方法，都納入參考組別。

技巧28：隨著新數據的取得，更新你的想法

　　凱因斯由於經常改變他的意見而遭到批評。據說他曾經

如此回答：「一旦事實改變，我就改變我的想法。先生，請問您會怎麼做？」

這句話總結一個根本問題：在決策的過程裡，我們都會在過程中不斷發現新事實。當然，我們必須把它們納入考量，但是要到什麼程度？在什麼時候，新資訊重要到足以讓我們重新考慮立場？沒有人想要隨著每條新資料而翻來覆去，但是像騾子般固執也不是好事。

幸好，有一個工具可以在這個領域做為判斷的指引：條件機率的貝氏定理（Bayes's theorem）。假設我們同意以量化方式表達判斷（也就是用機率），貝氏定理能告訴我們，在新事實出現時，原來機率的調整幅度究竟應該多大。在此不用數學式表達，而是用第八章介紹的簡單例子說明它的應用：有個審議潛在投資案決策的投資委員會，想要極力避免群體迷思和資訊瀑布的陷阱。

假設你出席委員會，在仔細考慮討論中的投資機會之後，你的結論是它並不具吸引力。然而，第一位發言的委員卻做出相反的結論：他支持這項投資。你應該改變心意嗎？

從直覺上來說，這個問題的答案取決於兩個因素。首先，你認為你是對的，這個原始信念有多強〔也就是先驗機率（prior probability）有多高〕？如果你99%確信這是不智

的投資，比起60%的確信程度，你比較不可能改變想法。其次，同事有多少可信度？他的判斷品質（根據你的估計）自然也會影響你改變想法的傾向。如果你認為對方的判斷通常並不可靠，你就會堅持己見；但如果你認為他幾乎萬無一失，你會更有可能改變想法，加入他的陣營。[*]

貝氏定理可以讓決策者藉由計算後驗機率（posterior probability）來量化這些直覺。後驗機率是你在考量新資訊並適當權衡之後重新調整的信賴水準。以我們的例子來說，假設你對判斷的原始信心度相當高：你認為這項投資能實現獲利的機率只有33%。但是，我們也假設你很尊敬這位同事，據你估計，他的判斷正確度高達80%。按照貝氏理論，你應該大幅改變意見：如果用計算表達，這項投資有吸引力的後驗機率是67%。換句話說，根據你納入考量的新資訊，你估計這是優良投資的機率會從三分之一上升到三分之二。如果這種信賴水準足以讓你決定投資，你就應該改變看法。

量化猜測與運用貝氏理論的價值在於，你可以發現這些

---

[*] 更具體來說，你需要思考對方判斷錯誤的兩種可能。例如，若你認為同事是個非常謹慎的人，你或許會預期，他放行不良投資案的這種錯誤極為罕見——但是錯過優良投資案件的情況卻也並不少見。換句話說，你必須分別估計他「錯誤的肯定」和「錯誤的否定」的機率。以這個例子來說，我們在設定對方的可靠度時有所簡化，假設兩種機率一樣。

數字要有多大的差異，才足以讓你改變想法。在這個例子裡，如果你相信同事「只有」70%的機率是對的，那麼這項投資具吸引力的後驗機率只有50%左右。這個水準高於你原來認為的33%，但是或許還不足以讓你認可這項投資。你原始信念的強度也很重要：比方說，如果你估計這是一樁好交易的先驗機率是20%（不是33%），而假設你同事的意見可靠度是80%，這樣你的後驗機率還是只有50%。在更新想法時的兩個關鍵參數是：你應該賦予新資訊多少價值，部分取決於你對之前判斷的信心，部分則取決於新資訊的診斷價值。

　　不用說，以機率表達信念有實用的一面，但這仍然是一種簡化。以前述這種案例來說，將信念量化很好，但是如果能運用前面章節所描述的對話技巧，探究你們歧見的根源，那會更好！比方說，如果同事的觀點是根據你忽略的事實而來，而不只是因為對同樣的資料有不同的解讀，那麼他的意見看起來或許是比你的意見有說服力得多。

　　然而，在高度不確性的情況裡，學會運用貝氏定理更新你的信念，也極其有價值。奈特・席佛（Nate Silver）在《精準預測》（*The Signal and the Noise*）裡詳細描述這個定理的許多應用（並為想要運用公式的人提出寶貴的使用指

導）。曾在第三章出場的心理學家泰特洛克（我們提到他的
政治專業研究）則提出更多證據。泰特洛克和同事進行一項
多年的計畫，想要改善美國情報單位在政治與軍事預測的準
確度。他們特別找出所謂的「超級預測者」，也就是預測的
可靠度勝過專業分析師的業餘人士。超級預測者有幾個明顯
的特質，其中一個就是願意根據新資訊調整自己的想法，而
且是以符合貝氏理論的風格做調整的能力，同時避免過度反
應和反應不足。

培養謙遜

　　最後一個容納歧見、同時防止歧見把我們帶過頭的重要
條件是：在面臨困難決策時虛懷若谷、不卑不亢。謙遜的功
課說起來容易，做起來難。不過，謙遜並不是有德者固有的
特質，而是我們可以努力培養的胸襟。

　　這條原則一個有意思的例證是美國最老牌的創投公司柏
尚創投（Bessemer Venture Partners，BVP）。它的網站打出
一張「反投資組合」名單，列出該公司本來可以投資、但是
放棄的案子。清單上有些極為優良的投資標的。蘋果？BVP

經理人認為它「貴得離譜」。eBay呢？「郵票？錢幣？漫畫書？你絕對是在開玩笑……想都不用想，跳過。」此外，PayPal、英特爾和Google都在名單上。這項練習看起來像是公開自虐，但是也在提醒我們，投資決策既複雜又困難。

　　此外，它也在提醒我們，錯誤的方向有它的重要性。許多領域都是不怕一萬、只怕萬一：對航空機師或橋梁建築師來說，「安全好過後悔」就是絕佳的經驗法則。但是，創投正好相反：最糟的莫過於過度謹慎。接受本書訪談的另一位創投家評述道：「投錯一塊錢，也就損失一塊錢。但是如果錯過一件價值翻一百倍的投資案，那可是九十九倍的虧損。」這就是為什麼BVP的列表強調「錯誤的否定」，而不是「錯誤的肯定」（也就是投資後結果不理想的案件）。這個「反投資組合」不只能讓人心懷謙卑，也能讓每個人把焦點放在重要的謙虛類型上。只有你知道在所屬領域中要以哪一種謙虛為重，並找到適當的技巧去培養那種謙虛。

　　要做出好的決策，只靠除錯是不夠的，我們也需要有好的構想，並明智選擇。歧異為什麼會是健全決策建築不可或缺的元素，原因在此。

本章總結：歧異

- **歧異**是指**從不同的角度看事實**，以限制偏誤，尤其是模式辨識偏誤。

- 某些逆向操作人物出於自然這麼做……但是這種人很少能在大型組織裡待很長的時間。
  - ▶ 麥可‧布瑞看到次貸危機的來臨，然而大型銀行裡大部分人都沒有看到。

- **歧異、挑戰性的觀點**可能有多個來源：
  - ▶ 來自外部：非正式人脈網路、專家、顧問和挑戰者（如果運用得當的話）。
  - ▶ 來自內部：可以接受對立時，採用「紅隊」或戰爭遊戲；與集體意見相關時，採用群眾智慧。

- 我們也能**以偏誤剋偏誤**，激發歧異的想法。
  - ▶ 反錨定 vs. 錨定效應 —— 預算討論。
  - ▶ 多重類比 vs. 確認偏誤 —— 能拿來類比伊拉克戰爭的不只是越戰。
  - ▶ 改變預設值 vs. 現狀偏誤 —— 系統化的業務組合檢討。

- 在歧異構想之間選擇需要**高品質、本於事實的分析**：
  - ▶ 用標準化架構做重覆性的決策；獨特的決策則使用預先設定的評判標準。
  - ▶ 對假設做壓力測試；從相關的「參考組別」採取外部觀

點，並隨著新資料的出現而調整想法。

- 在所有情況下，**培養謙遜**對產生歧異觀點都有幫助。
  - ▶ 柏尚創投的「反投資組合」，列出他們錯過的好投資。

16
改變決策流程和文化

如果你第一次沒有成功，那就再試一次。

然後放棄。沒有必要做個傻瓜。

——據說是喜劇演員菲爾德茲（W. C. Fields）之言

　　你很可能會發現，前述列出關於建立對話和創造歧異的點子裡，有部分與你的事業環境水土不服。或許，你在讀到部分建議時會想，**這在我們的文化裡絕對行不通**。或者：**這個點子看起來是很有趣，但我不知道要怎麼融入現行的決策流程**。確實，如果組織的流程與文化會阻礙對話、防堵歧異，這些都仍然是空想。

　　如果你想要改善決策，就不得不考慮到決策流程、層級、委員會和行事曆如何回答以下這個問題：**何人**在**何時**決定**何事**？例如，你的公司當然有研擬行銷計畫、規畫預算和審核投資的流程，但如果這些流程是把歧異觀點帶回單一思維的「正道」，又如果它們會粉碎對話而不是激發對話，你們的決策品質就會受到損害。

　　同理，組織文化（也稱做組織的核心價值、指導原則，或共同信念）也位居關鍵，尤其，它會回答「我們做決策時，**重要的是什麼？**」的問題。企業文化會阻礙健全的決策，這已是老生常談。例如，我們就看到寶麗來的文化如何讓公司難以看到科技變革的迫切。

　　這就是為什麼決策建築要仰賴第三根支柱：決策的動力，沒有它，前兩根支柱很快就會崩垮。決策的動力關乎組織的決策流程和決策文化。

　　當然，世界上沒有可以神奇改變組織文化的萬靈丹，組織的決策文化也是一樣。不過，大型企業與政府組織可以從小型公司和創業家的決策方法和風格得到啟發，因為決策的靈活度是這些人或組織的生存條件。

不拘形式與講究形式

　　任何人去觀察大型組織做決策的方式，都會發現一個醒目的特點：決策會議通常是正式而嚴肅的事。瀰漫現場的情緒，通常是拘謹、緊張，甚至恐懼。這種氛圍自然不利於建構開放的對話，至於歧異意見的表達，就更不在話下。為什麼一定要這樣？

技巧29：培養友善氛圍

　　有時候，解答簡單到一看就知道。許多較小的組織以及一些大型組織都重視管理團隊成員之間有良好的個人關係。有位連續創業家甚至把它列為原則：「在我所有的公司裡，我一定會找朋友進來，包括非常好的朋友。大家通常會說我瘋了。但是我知道以彼此多年的交情，我可以相信他們不會

搞政治，這是無價之寶。」

　　這或許是個極端的例子，而即使你位居領導職位，雇用朋友也有顯而易見的缺點。但是，在管理團隊或董事會，促進友善討論的環境通常是明智之舉。有位董事長就提到：「我會努力創造一種一群朋友在一起聊天的氣氛。這話聽起來或許奇怪，但是創造這種感覺非常重要。在一個大家彼此厭惡的團體裡，不可能有言論自由。」即使是小細節都有幫助。前一章所描述的那位召集「六個朋友」小組的經理人就指出：「就連我們把它叫做『六個朋友小組』，而不是什麼『X委員會』，都有助於創造一種不拘束的氛圍。」無論你決定用哪些方法追求這個目標，背後的原因都一樣：除非參與者能夠自在相處，否則很難開啟對話。

　　營造非正式、甚至隨興的氛圍這項建議，聽起來似乎有違先前討論過的內容，對話要有精確的基本規則。但是，兩者之間並不真的有衝突。相反的，就是這種無拘無束，規則才能夠落實。當你們覺得有自信、放鬆，而且身邊圍繞著友善的臉孔時，要禁用「說故事的論述」，或是強迫提出「另一個故事」，才會更容易得多。反過來說，想像一下，如果會議的氣氛緊張，而有個權威的老闆禁止你使用某種類比，或是命令你為一個與你剛剛提出的觀點背道而馳的主張辯

護，你能夠誠實的進行下去嗎？友善而無拘束的氣氛不是有條理對話的敵人，而是促進劑。

技巧30：促進「有話直說」的文化

另一個在大型公司比在小型公司更常發生的問題，就是大家有話不會直說。這不限於我們在討論群體迷思時所說的那種在會議裡保持沉默的行為：在許多組織，人們不只不願意自由表達異議、疑慮和憂心，也不願意直言想法和建議。當然，經理人總是說他們想要鼓勵員工有話直說。但是，有話直說比表面上看起來還困難。

一家大型歐洲企業的主管提到，他鼓勵直言文化的技巧是「鼓勵並晉升那些有勇氣表示異議的人。這樣不但能讓你得到敢於有話直說的人，其他人也會明白，搞政治的人在這裡沒有前途。」還有一位企業領導者，掌管的是一家他認為文化太過順從的公司。於是，他立刻為一些經理人請來專業教練。他告訴他們：「我希望你們和教練合作，學習如何當面告訴我：『你犯了一個錯。』禮貌當然不可少，但是也要清楚而迅速。」

這兩位領導者都有一樣的信念，另外還有第三位經理人則用自己的話表達同樣的想法：「我希望我對的時候比錯的

時候多。但是我可能會犯錯，而且我確實會犯錯。重要的是，我的團隊能告訴我這點。」有話直說是關鍵，但是要做到這點需要努力。

技巧31：讓個人誘因與共同利益趨於一致

當然，如果你期望友善的氛圍與一些來自高層的鼓勵能激發歧異的觀點，但是誘因制度與這些目標都相違背，那麼這種期望未免太天真。前述提到的一位經理人就解釋道：「誘因是所有解決方案之母。如果你沒有建立一個能讓大家為群體利益而努力的獎酬制度，他們只會追求最高的個人獎金。」凱斯·桑思坦與雷德·海斯蒂（Reid Hastie）在《破解團體迷思》（Wiser）裡也把「獎勵團體的成功」列為提高群體效能的重要方法之一。關於如何設計一套能在個人與群體之間取得平衡的激勵制度已經超過本書的範疇，不過這個議題不容忽視。

綜合來看，這些建議構成一個簡單而相當有吸引力的場景：有「一群朋友」，他們不怕對彼此直言相告，特別是因為他們有完全一致的利益。相較於許多經營管理委員會裡那股焦躁不安的緊張氣氛，誰不會更喜歡這樣的環境？

冒險與謹慎

我們在第六章看到，大型企業承擔的風險水準通常低於應該可以承受的限度，而領導者通常會鼓勵經理人「更富創業精神」。雖然創業模式激勵人心，但是對於從中所得到的課題，我們卻應該小心審視。如果你問創業家對風險的想法，他們會告訴你一些想也知道的答案：正因為他們經營的是自己的事業，所以會盡量不冒險，而且一定會小心計算風險。雖然這是老掉牙的話，許多研究卻也顯示，創業家不是賭徒：他們對於風險並沒有不理性或不健康的偏好。

創業家與大型企業經理人的差異，與其說是他們承擔的風險水準，不如說是他們管理風險的靈活程度。這種靈活度至少表現在五項技巧上，而這些可以對大型公司有所啟發。

技巧32：尋找免費學習的辦法

一家中型奢侈品公司的創辦人兼執行長如此總結這第一個構想：「要在新事物下賭注時，我們想要看看它有沒有效，但是又不想花錢。」

他有一項策略選擇正好反映這條原則。他大部分的競爭者，尤其是那些大型奢華品集團旗下的品牌，除了靠第三方

零售商，都有自己的店面。那位執行長也在考慮採用相同的商業模式。但是這裡頭有許多問題：他能夠開發出正確的商店概念嗎？這又能產生多少營收？他能負擔的最高租金是多少？哪種地點最好？他目前的零售商會有何反應？這些問題都可以在紙上分析，而他也知道競爭者的答案是什麼，但是除非他實際探索過，否則他沒辦法為品牌解答這些問題。

換句話說，在冒這個險之前，他需要學習一項新技能：管理零售點。傳統的學習方法是開設幾個前導概念店，在大規模部署之前改良策略。但是，身為玩自己的錢的大股東，他想要可以不花錢做這種前導實驗就能學習。在不知道可望有多少營收下，要投入承租店面、布置和經營商店好幾年（商業租賃期間），對他是太大的風險。

這位執行長決定尋找願意與他分擔風險的伙伴。在某個國家，有個熱切想要吸引奢華品牌進駐的房東，同意以營收為指數，收取變動租金。在另一個國家，有個零售商同意用自己的空間為這個品牌開店，因為他知道，如果這家店失敗了，店面還是可以輕易改裝。透過不同的方式，這位創業家沒有承擔經受不起的風險，就改進他的新模式。他接受這個過程會比一家大公司所歷經的時間還長，但是他的方法也有它的優點。例如，從實驗裡學習讓他有機會在過程中做調整。

技巧 33：做實驗，並容許實驗失敗

　　那麼，在類似的情況下，大公司開設前導概念店的方法
又是如何呢？那不也是一種測試與學習的方法嗎？

　　它確實是……或者應該說，它應該要是。事實上，「測
試」（test）和「前導」（pilot）這兩個名詞的交替使用，通
常顯示出大家對目標的混淆。測試的作用是改良計畫，幫助
你決定是否要推出計畫。前導則是為了衡量並顯現計畫的效
能，這樣你才可以在正式推出之前集結組織。兩者完全是不
一樣的東西。

　　就以一家準備推出新商店概念、為組織注入活水的零售
連鎖店為例。不用說，這項計畫必須先在幾家前導概念店試
營運。怎麼做？首先，零售商要精挑細選商店地點，這些據
點在實行新概念時會得到額外的資金，還有最高管理團隊全
副的關注。接下來，它們的經營成果，如銷售、獲利、顧客
滿意度等，會拿來與另一個群組裡的商店做對照（比較標準
通常不會事先定義），而公司在這段期間對這些對照商店幾
乎完全不理不睬。想當然爾，結果非常確鑿，新概念有效！
現在，管理團隊可以大規模推行。

　　隨便找個專案裡的人問問，對方都會告訴你，與其說公

司想要測試新概念，不如說想要證明新概念會成功。這與決策無關，而是開始執行一個已經做成的決策。這也就難怪前導營運宣告成功，但全面推行新商店之後的結果卻經常令人大失所望。我們根本無法分辨前導商店的成功是新概念的成果，或是它們在前導階段得到特別關注所致。這就是「霍桑效應」（Hawthorne Effect），商業版的安慰劑效應：將近一個世紀之前，組織心理學家發現，他們對工廠環境所做的變動，幾乎每一項都會產生短暫的正向效果，這純粹是因為工人知道有人在觀察他們。

我們不難看出造成大型公司犯下這個錯誤背後的決策動力。紙上開發新概念的團隊自然想要它能成功。高階管理團隊也相信它會成功（不然就不必大費周章去測試它）。他們責成另外一個團隊管理實地的前導工作，而這個團隊也熱切想要看到它成功（因為它不想為「失敗」的實驗承擔罪責）。同時，最高管理團隊已經告訴董事會、股東和財務分析師，他們深具信心，這個新商店概念能夠讓零售連鎖店再度回春。萬一計畫翻車，他們沒有備案。當測試成功是萬眾所期待，各方都會力保它的成功。

現在，我們拿這個假「測試」與真實實驗做對照。網路零售商與其他數位服務業者通常使用「A/B測試」評估一項

計畫中變動的效果，像是網站設計的調整。這項測試的做法是比較兩個顧客群組（A組和B組）的結果，其中有一組體驗到這些變動，另一組沒有。他們會先界定兩個群組的條件，但對象採隨機方式挑選，而且不會採取任何可能會影響評估的其他行動。這相當於一場科學的隨機對照實驗。同理，像是英國的行為洞見團隊之類的推力小組，會嚴謹測試多個提案，來量化各個提案對他們想要改變的行為所造成的影響。

如果對照實驗在實務上不可行，另一個進行真實實驗的方法是採用一種連續實驗的思維。例如，前述的零售業者可以開發幾種不同的概念，在同時間、各項概念都分配到相同的資源來進行測試。測試結果不會很快出爐，而且這些結果的解讀並不容易，但是至少能製造有益的敵對，而不是因為害怕失敗而不敢有任何作為。除了測試整體概念之外，該公司也可以改為測試新概念的各個部分，並分別衡量效果。它甚至能夠整合過去測試的心得，藉以持續不斷發展它的新概念。

無論選擇哪個方法，都要謹記一條關鍵原則：只許成功的實驗不是真正的實驗。能把失敗當成選項的實驗才是真正的實驗，因為失敗能帶給你的收穫，並不比成功時少。創業

家在直覺上理解這點：他們會把大決策拆解成小決策，以便進行真正的實驗，並承擔經過精打細算的風險。目標是說服組織往前邁進的經理人往往會忘記這點。他們必須改造決策流程，納入真實的實驗。

技巧34：成功也要事後剖析

從實驗中學習很好，但是從真實世界的經驗學習也很重要。大部分公司都會依照慣例，在失敗後做檢討彙報（至少以書面為之）並從中記取教訓。這種事後剖析如何執行得當，不致流為互相指責大會或是獵巫行動，有時候有其困難。但是原則上，每個人都認同從錯誤學習的重要性。

另一個相較起來非常罕見的習慣，是比照事後檢討彙報，以同樣系統化而嚴格的方式，從成功中學習。就像美軍部隊的許多單位一樣，海軍突擊隊實施系統化的任務成果彙報。為了推動坦誠的對話，他們的彙報室牆上醒目的標示一項原則：「不問姓名，不問階級。」一名軍官指出，這些彙報的重要目標就是「回答一個不在這種會議中絕對不會有人問起的問題：我們是因為幸運嗎？」如果任務的成功完全是因為好運，那麼它可能有很多課題可以學習，或許比某些失敗更多。重要的是：下一次，好運或許不會站在你這邊。

　　許多企業可以從這一條軍隊守則受益良多：等到他們發現自己的成功多半是因為運氣奇佳，而不是能力卓越或策略有優勢時，通常為時已晚。

技巧35：逐次加碼

　　低成本的學習、持續的實驗……這難道不是限制風險、抗拒投入、小格局思維和行事小家子氣的做法嗎？難道一家大公司不應該運用規模上的策略優勢，大膽冒他人不能冒的風險嗎？

　　當然可以。但是，它這麼做時還是應該保持靈活。第四個保持靈活的方法是承諾逐步加碼，而不是一次梭哈、豪賭一把。這就是創投資本家所採用的方法：有時候，他們會一直支持同一家公司，在每個階段根據過去的成就和未來的計畫增加注資，跟著它從種子階段一直到估值躋身獨角獸等級。

　　這裡還是一樣，在大型組織的動力下，這種方法顯得不尋常。大公司在面對投資決策時，預期得到一個直截了當的答案：「是」或「否」。在大公司很少聽到像這樣的答案：「請告訴我，如果以十分之一的金額，你能達到什麼樣的中期目標，然後一個月內再來看看你是不是已經做到。」然

而，這是讓決策更靈活的好方法。

建立這種逐步加碼流程的公司，必須克服與內部流程與企業文化相關的障礙。首先，他們必須制定年度預算的例外流程，設立儲備金，讓他們可以在整個財政年度期間逐步注資在投入資金的專案上。其次，他們必須找時間在每個階段檢視進展，即使這些討論與他們經常檢視的大型投資案比起來，規模似乎是小巫見大巫。

但是，文化才是主要的障礙。公司裡的提案者難以接受他們要不斷接受質詢。（同理，新創事業的創辦人在籌募下一輪資金時，也必須不斷宣揚他們的公司。）一般來說，公司的員工對於風險和財務預期的容忍度，不能和創業家相提並論。就像我們曾討論過的，公司要對不成功的事業撤資時有多麼困難，如果一項專案在發展的某個階段沒有達成目標，要高階主管要學會「拔掉插頭」，也很困難。

技巧36：肯定失敗的權利，但不是犯錯的權利

靈活的最後一個條件最重要：那就是創造真正可以失敗的權利。

這裡要說清楚：失敗的權利不等於犯錯的權利。有位執行長回憶到，當他拔擢某個虧損嚴重單位的主管時，員工都

感到一陣訝異。「買下這家公司是我的決策，他接受這項挑戰，而且全力表現、盡忠職守。市場崩潰；這不是他的錯。他沒有什麼好羞愧的——情況正好相反。」

這個例子顯示，失敗的權利是一個單純的議題，合乎公平和邏輯：就像我們看到的，當從事風險活動，即使不犯錯，也會有失敗的時候。犯錯的權利就非常不一樣。你或許希望原諒一個做出糟糕決策的人，並選擇給他第二次機會……但或許沒有第三次機會。

事實仍然是許多主管會因為害怕失敗而不敢有所作為。零售商的「前導商店」之所以有偏差，是因為負責的主管害怕與計畫的慘敗有所牽連。大型企業不願意承受小風險的組合，這是因為各個專案的負責人害怕未來必須報告失敗。這是損失規避心理在作祟。但是，如果你不接受失敗的可能，要進行真實的實驗會相當困難。怕到不敢動的人不可能反應敏捷。

有些經理人深切明白這個問題，也知道個人傳遞的訊號，是對抗失敗恐懼的關鍵。就像一位執行長說的：「關於『我希望你們勇於冒險』的演說是沒有用的。如果有人冒險，但是卻得到與預期相反的結果，正是你傳達真實訊息的時候。當主管嘗試合理的事，但是卻沒有成功，那就是你言

行一致的時候。如果你盡全力讓他們覺得自己受到重視，每個人都會記得。」

同一位執行長又說：「如果想要大家相信他們有失敗的權利，就必須讓他們看到我們的失敗。」在與他的主管開年度會議時，這位經理人毫不猶豫公開分享他過去結果不如預期的決策。基本上，他願意坦認他只是凡人，一個忍受失敗的人。很簡單的觀念，不是嗎？但是你不會在日常生活裡看到有人這樣應用。

遠景與彈性

一個家族企業的執行長這樣描述他的策略：「在一個像我們這樣多角化經營的家族企業裡，許多策略性決策都是見機行事。嘗試預先擬定一項策略是非常危險的事。我不想要失去行動能力，或是以所謂的策略遠景之名而妨礙自己抓住機會。」

拒絕正式制定策略或許看似矛盾：如果有哪一件事是大家都相信執行長應該做的事，那就是制定公司策略。然而，許多大型企業精明的執行長都抱持這個觀點，努力在策略展

望裡保持彈性。

技巧 37：像德州神槍手一樣，先射箭再畫靶

你可能聽過關於「德州神槍手」的笑話：朝著大門胡亂射擊一通，然後走上前去，在彈孔最密集的地方畫一個圓形靶心。這是保證得分的好辦法！

這個故事通常被用來描述一個推理謬誤：在結果揭曉後定義目標。一家公開上市公司的執行長這樣說：「當別人告訴我：『你的策略實在很精準！』我會告訴他們：『我不想掃你們的興，不過我其實沒有策略。我只是做出能為股東創造價值的好決策而已，而它們最後變成一個好結果。』」

他想要避免的是哪個陷阱？他解釋道：「我看過最嚴重的錯誤，都是出自胸懷大略的經理人，他們遇到自己需要的交易，就不計價格去買賣，以求盡快實現他們的夢想。」換句話說，這些領導者一開始告訴股東和管理團隊一個關於創造價值、有吸引力的故事。他們用自己說的故事把自己綁死，很快就導致做出壞決策。

對照之下，這個經理人只在故事變成真實之後才說故事。就像德州神槍手一樣，在射擊後才畫標靶。不過，他當然不是到處胡亂射擊。儘管他的策略有彈性，他的公司為股

東創造價值的這個使命卻沒有彈性。策略之所以能存在彈性，是因為有清楚透澈的目標與長期願景。

技巧38：為想法改變而自豪

這些領導者在策略上所展現的彈性，也表現在日常行為裡。他們能夠改變自己的想法，而且以此為榮。當然，這並非因為他們是隨興所致擺布團隊的獨裁者，而是因為他們立下彈性的楷模。

之前提到的銀行總裁就說：「我讓董事會成員習慣看到我改變想法。這些想法不是任意改變，而是根據討論和事實而改變。」又或者，像另一位經理人所言：「我可以早上說一件事，在那一天裡檢視新進的資訊，然後當天晚上改變想法。」

顯然，正如這位經理人謹慎加上的一句話：「這只有對某個層級的人才有可能。」如果你在數千名員工面前講話，你所傳達的訊息必須清楚明確，不能一日一變。不過，那是在決策的時點已經過去，執行的時間已經到來的時候。如果你還在激發對話、增加歧異觀點的決策階段，只有能夠改變想法的領導者可以鼓勵同事也仿效同樣的做法。

領導者甚至可以為這種彈性恭賀對方。創投資本家科米

薩熱切宣稱：「我認為，對不確定和模稜兩可安之若素是領導者的重要特質……我欣賞能夠根據與會者論述的有力程度改變意見的領導者。領導者能承認這是一個困難的決策，可能必須重新測試，這是好事。」

不要被自己的故事鎖死，保持必要的彈性，以改變論述或講述不同的故事：這是對抗確認偏誤的好方法。這也是很少人習慣的原則。因此，領導者能自豪的改變想法，來立下良好典範更重要。

團隊合作和獨當一面

在所有例子裡，我們都看到團隊的重要性。但是，最後的決定只屬於領導者。領導者必須籌畫對話，但是最終必須承擔責任。他必須借助他人來對抗個人的偏誤，但是當時候到了，他必須在不知道自己是否受到偏誤誤導的情況下做出決定。

我們要如何、在何時做這個最後的決定？當然，這個問題沒有單一、神奇的解答。但是，還是一樣，有幾個例子為我們指出解決之道。

技巧39：分享權力

一個不常見但有力的運作方法是分享權力。由兩個人或更多人共同承擔做出重大決策的責任時，就能降低決策由單一個人的偏誤所主導的風險。

有位經理人如此解釋他的情況：「我們是兩個共同創辦人，我們彼此是完美的互補，完全信任對方。事實上，由我們兩個人共同決策，就是最佳的防護，可以防止我們上演個人秀。」這也是政治遊戲的防火牆：「沒有人會為了順從我們的心意而去揣測我們的意見，因為每個人都知道，在重要的討論中，我們一開始絕對不會意見一致！」還有一個例子可以說明這個方法的效果，那就是分權治理，例如專業服務公司的合夥人結構。

技巧40：建立內部圈

權力分享是困難的，在大部分組織裡，或許不是實際可行的選擇。在傳統的公司，一個可以受惠於「集思廣益」的方法是讓領導者設立一個小型的決策委員會，也就是某種「內部圈」。許多人都以非正式方法採行這個做法。有些人則成立正式單位。

　　之前提到的一位領導者成立「策略委員會」，與他正規的經營管理委員會並存。意外的是，他只找幕僚人員加入策略委員會，而不是找在各業務單位當家的主管加入。這點違反策略性決策最普遍認可的原則之一：決策的執行者一定要參與決策過程。

　　為什麼採取這個不尋常的做法？因為講到企業策略性決策，這位領導者想要仰賴對決策抱持「中立」看法的人，以及有共同誘因的人。讓單位主管參與會影響他們單位命運的決策，意味著挑起自利偏誤、加重資源分配的慣性，並為過度樂觀開門。當然，在策略委員會參與之前，這些主管都會密切參與決策的研究。但是，決策的時間一到，關鍵因素不應該是哪個部門主管在取得資源上最具說服力，也不是誰拍桌拍得最用力。

明天早上再說

　　無論如何，等到會議結束，你已經完成研究並從每個角度檢視事情時，最後要做決策的人還是你。有一條歷史攸久的建議在此適用：睡一覺，明天早上再說。這是我所訪談過

的企業領導者全部都有的一個共通點：他們在早晨做決定。

　　無論是大企業的領導者，還是小企業的老闆，都是如此。只有在睡了一夜之後（即使時間短暫），他們才會覺得清楚理解自己必須做的事。有一位經理人說，任何重大問題，他都是清晨五點醒來後才決定。還有一位說，把重要決策「放過夜」，一向能在第二天早晨清楚感知到要怎麼做。經過一夜是保持一些距離、避免在受情緒宰制時做決策的簡單方法。

　　決策動力深深根植於組織，而影響動力的這些技巧，沒有一項會立刻改變一家公司。但是很多公司會修改它的決策流程，還有些會在潛移默化中調整文化。如果與其他促進對話、鼓勵歧異的技巧結合，決策動力具備轉化一家組織決策的潛力。

本章總結：決策流程動力

- 沒有**靈活的決策動力**（也就是組織的**流程**與**文化**），對話與歧異無法蓬勃發展。以此而言，大型組織通常可以**向小型組織學習**。

- **經營非正式的環境**：個人關係；有話直說的文化；適當的誘因。

- **靈活冒險：**
  - ▶ 免費學習：有伙伴承擔風險的一家奢華品牌。
  - ▶ 實行容允失敗的真實實驗，而不是假測試的「前導」。
  - ▶ 失敗與成功都要做事後檢討彙報。
  - ▶ 承諾逐步加碼，就像新創事業募資回合裡的投資人。
  - ▶ 認可失敗的權利（與犯錯的權利有別）。

- **結合遠景和彈性**：只有在事情完成後才說故事（像是德州神槍手）；如果有好理由，就改變想法，不要猶豫。

- **最後，做決定：共同做決定；以小型委員會做決定；或是單獨做決定**（在睡一覺之後）。

結論
你可以做出最佳決策

不改變，就沒有進步；

不能改變想法的人，無法改變任何事。

——伯納蕭（Geroge Bernard Shaw）

你現在知道應該避免哪些決策陷阱。你已經理解陷阱背後的五類認知偏誤。你也體認到，在一個不確定的世界裡，即使是潛在的最佳決策也絕對不是成功的保證，但是你相信合作與流程對提升決策品質的重要性。還有，你對幾項能幫助籌畫對話、鼓勵歧異並增進靈活決策動力的技巧滿懷興趣。做得好！你現在已經準備好打造自己的決策建築了。

這是一個大獎。無論組織從事的是什麼業務，如果每個組織都是決策工廠，如果策略性決策是塑造組織未來的決策，那麼改善策略性決策品質應該能讓組織的未來改觀。優越的決策能成為競爭優勢的來源，或許甚至是競爭優勢唯一真實的來源。要勝過競爭者，除了可靠的做出比他們更好的決策，還有更好的方法嗎？

好人才成就好決策⋯⋯反之亦然

你或許對這個推論表示反對，認為它忽視決策品質的一個重要驅動力，那就是做決策的人。當然，即使有最佳的決策建築，平庸的經理人也無法做出高明的決策！因此，如果你想要提升組織決策的品質，或許很難不覺得比起設計決策

建築，雇用並晉升最好的人才是達成那個目標更短的捷徑。

　　這是種短視。擁有較佳決策建築的組織，不但能產生較好的決策和較好的成果，也能培養較好的人才。

　　如果這聽起來有違直覺，我們話說從頭，就從召募人員競相吸引最佳人才的時候開始。如果你問頂尖商學院或工學院的畢業生，他們會告訴你：他們想要在能讓他們做決策的企業工作。

　　千禧世代通常寧可加入新創事業，勝於進入《財星》五百大企業，而許多人力資源主管對這個現象的解讀是這個新世代在價值和偏好上劇烈轉向。他們說，如果這些孩子不想和大型企業有什麼牽扯，那麼我們也沒有什麼辦法能吸引到最好的人才。

　　事實上，年輕經理人加入小公司的關鍵原因之一，是他們相信自己的貢獻在那裡能發揮更大的作用。但是，有些非常大的公司儘管規模龐大，卻仍然對最優秀的畢業生有高度吸引力。他們的這項優勢有很大一部分可以歸因於一種重視開放對話、真實歧異和靈活決策的決策文化。亞馬遜的領導原則是要求它的人員「尋找多元觀點，致力推翻他們的信念」，「有責任鄭重挑戰他們不同意的決策」，而且「不為了追求社群和諧而妥協」。麥肯錫的顧問要「堅持表達異議

的義務」。Google的核心價值包括「我們公開挑戰彼此的想法」，以及「我們重視人和想法的多元性」。

　　這些公司儘管規模龐大，但是卻對它們的新進人員清楚保證：**在這裡，你旳聲音會被聽到。當然，你不會在第一天就當家做主。但是，如果你是對的，你的想法就能發揮影響力，讓事情變得不一樣。你不會是一部官僚機器裡一個沒有名字的小齒輪。**這最好是真的：在一個有評論雇主網站Glassdoor和社群網路的年代，樣板是短命的。但是如果公司實踐他們的承諾，求職者會接收到訊息。有健康決策建築的組織是人才的磁鐵。

　　那麼，一旦這些經理人得到聘用，會是什麼情況？就像在第十四章看到的，當自己的意見受到重視，人會更敬業。當他們參與真實的對話並知道自己的意見被聽到了，他們會為最後的決策付出更多心力，即使遇到逆境也勇往直前。當多元的歧異想法可以變成新產品、新策略和新方法，人們會更努力構思創新的構想。如果決策流程靈活，為後續的路線修正留下空間，人們會更審慎冒險，更留意成功的指標。一個健全的決策建築是產生「員工參與」（emplyee engagement）最可靠的方法，這可是全世界各地的人資部門都急著追蹤、卻又難以捉摸的商品。

　　最後，組織如何決定誰升遷、誰走路？不一定都是最佳方法。我們都看過績效靠機遇多過靠能力而得到拔擢的經理人。（想想章魚哥保羅。）反過來說，我們都認識一些有能力又努力的人，因為一直沒有遇到他們應得的好運，而一直在中階管理職位苦蹲。商業新聞不斷批露的，是像隆恩・強森這類執行長的報導，講述他們如何開創出天縱英明與所向無敵的聲望，賭注愈下愈大，直到突然一敗塗地。

　　這種碰運氣的模式，是「重要的是結果」這種企業文化的直接後果。當結果是評估一項決策是否健全唯一的一把尺，把運氣誤當成能力和判斷力的證明之時，爬到金字塔頂端的人就不是最傑出的人：他們是最幸運的人。這種人力評估的方法有另一個大家不願看到的副作用，那就是在許多國家，敏銳的經理人投入相當多的精力，讓自己為下一項任務站好位置。他們的目標是找到一個位置，可以彰顯他們的成就，意思就是：優秀很重要；但是在對的時間站在對的位置更重要。

　　還是一樣，這個問題的解決辦法就是健全的決策建築。以功過、而非以成敗評估決策價值的公司，比較能選到最佳的領導者。一如在第十三章所討論到的，如果好決策是做得好的決策（不見得是產生最適結果的決策），得到獎勵的就

是判斷力和技巧，而不是運氣。

這麼做的好處很清楚：當然，好人才更可能做出好決策。但是一個健康的決策建築也能幫助你吸引、網羅並拔擢最好的人。

領導新典範

如果你選擇為團隊或公司展開一場設計決策建築之旅，最後必須改變的一點可能就是你自己。或者更精確的說，是你的自我形象，以及你所反映出來的決策者形象。

決策者從來不只是做決策的人：他也必須能啟發他人實踐那些決策。他必須是領導者。然而，領導力要從觀察者的角度來看：沒有追隨者的領導者，沒有領導可言。這表示，一個人要成為領導者，必須要別人相信他是。

由於行使決策權被視為領導者角色的重要事項（這點沒錯），一個人的決策方式就是領導力的重要投射。因此，如果你位居領導之位，你有充分的理由按照他人對於「領導」的期望而行。就像那句俗語說的：「如果你想成為領導者，言行舉止就要像個領導者。」

　　但是，言行舉止像個領導者究竟是什麼意思？大家的答案多半形成自刻板印象。就像心理學家克萊恩所說的：「社會公認的典型是約翰‧韋恩（John Wayne），他暗自盤算一下狀況，然後說，『我打算這樣做』，然後你就聽他的。」這種「牛仔型」領導的影響重大。領導者多半因為他們的經驗和商業判斷而雀屏中選，可想而知，他在做決策時，至少有部分會依賴這些。他們在做選擇時也理應會表現得有十足把握；我們不想看到他們小心權衡多個選項的利弊得失，表現得猶豫不決。一旦決策做成，一個符合刻板印象的領導者必須對計畫的成功有百分之百的信心：這種無可動搖的樂觀有一種感染力，而且能鼓舞他人全力以赴。

　　就像我們在本書通篇看到的，這種刻板印象有嚴重的問題。迎合這個刻板印象的領導者可能會一頭栽進一些最糟糕的決策陷阱：「約翰‧韋恩」型的領導者以仰仗自己的經驗和直覺而自豪。他從來不曾顯露懷疑，也不曾徵詢批評。他壓制異議，助長群體迷思，甚至連自己都不自覺。他在過程裡的每一步都洋溢滿滿的自信。

　　你或許已經注意到，本書提供的決策技巧當中，許多都與這個領導的傳統樣板相左。例如，回想一下鼓勵表達細膩的觀點，或是成為願意改變想法的表率等觀念——根本不

像膽大無畏的牛仔！這點其來有自：如果服膺刻板印象的領導者其實是差勁的決策者，那麼優秀的決策實務必然與刻板印象有所衝突。

這個問題在某個程度上可以用區分決策階段和執行階段來處理。「歧異加上期限，」施密特如此說：一旦決策做成，歧異就結束。「勇於提出異議，也要全力以赴，」亞馬遜的領導原則如此陳述：挑戰決策，那是當然的，但是「一旦決策做成……全力以赴。」

這一點，紙上談兵頭頭是道。但是，這表示你要一個悉心培養對話、接納歧異並思考成功機率的人，在決策一旦做成之時，突然變成一個熱情的啦啦隊，心中不存一點懷疑。聽起來很困難？確實。這些矛盾、這些精心設計的矛盾語顯示，領導的傳統思維有根本上的錯誤。

如果合作加上流程是我們想要的，我們就不能順從過時的領導樣板。如果我們在內心深處相信真正的領導者是不需要任何幫助的孤狼，我們如何能認真看待合作？如果我們相信最好的決策是來自靈光一現的天啟，我們如何能對流程產生任何尊重之心？

相反的，我們必須學習把領導力與另一套行為聯想在一起：真心重視合作與流程、以及視決策建築為他們重要職責

的經理人所表現的行為。這些領導者真心相信自己不可能知道所有的答案。他們為最終決策負責,但是也籌畫決策過程,讓他們的團隊透過這個過程,集體研擬潛在的最佳解答。他們知道,即使是有潛力的最佳策略,也不保證能產生想要的結果,但是那並不減損他們努力達成的熱情。這種思維讓人想起柯林斯(Jim Collins)在《從A到A+》(*Good to Great*)所提到的「第五級」領導者所具備的極度個人謙卑與強烈專業決心。這種領導者是少數,但你可能見過一些。

有一件事是確定的:他們看起來不像約翰‧韋恩!要成為更好的領導者,我們必須甩掉獨行俠、英雄作風、自信無極限的牛仔。我們需要更好的模範。我們需要具備眼光和勇氣、擁有一群熱情追隨者的領導者,他們做出困難的決策,並有所斬獲,但是也足夠謙卑,可以依靠團隊的判斷。我們需要有勇氣、前後一致的領導者,能信任他們制定的決策流程,即使有時候他們的直覺有不同的聲音時也如此。

以荷馬筆下的奧德賽(Odysseus)遇到賽倫女妖(Sirens)的故事為例。奧德賽對自己的限制有足夠的自知之明:有無數人因為賽倫的蠱惑之歌而溺斃,他不認為自己能夠抗拒誘惑。他要求水手把他綁在船桅上,把自己的生命交

託在他們手中，藉此展現對船員有多麼信任。他指示水手們用蜂蠟封住他們的耳朵時，等於放棄自己對他們下達新指令的可能：決策建築已經設計好，他信任流程可以產生最佳的可能結果。

在奧德賽設計的決策建築裡，沒有個人直覺的空間。這無損於我們對他的尊敬。就像他一樣，我們都想要避開由偏誤所觸發的糟糕錯誤。如果我們學會仿效他的典範，忘記約翰‧韋恩，我們就能夠踏上卓越決策之路。

謝辭

　　首先，也是最重要的，我要對丹尼爾‧康納曼表達我真誠的感謝。他無窮的精力、持續的好奇心、學者風範、自我解嘲的幽默感以及真心的謙卑，是啟發我和許許多多人的源頭活水。與他合作是一份難得的榮幸。

　　我也要感謝幾位思想領袖，願意給我這個學術研究界的新手一個機會。Dan Lovallo是我在這個新世界的第一位嚮導：要不是他，我不會有今天。Stéphanie Dameron給我非常需要的指導，並鼓勵我發展、改進出現在本書第一版書稿裡的那些想法。我對她有許多感謝和敬佩。與Thomas Powell、Itzhak Gilboa和Massimo Garbuio在各項研究計畫上的合作，也對我啟發良多。Cass Sunstein的建議和鼓勵也珍貴無比。

　　本書仰賴與數十位委託人、朋友和合作伙伴無數的對話。他們與我分享他們的成功、他們的質疑，以及他們的決策工具。雖然我們的討論必須保密，我不能在這裡列出他們

的名字，我還是要向他們表達我深切的感謝。我也要感謝
Guillaume Aubin、Xavier Boute、Jean-François Clervoy、Gary
DiCamillo、Tristan Farabet、Franck Lebouchard、Guillaume
Poitrinal、Carlos Rosillo、Nicolas Rousselet、Denis Terrien與
Stéphane Treppoz，謝謝他們在我為本書進行研究期間，慷
慨撥出他們的時間給我。

　　這本書之所以能成形，部分研究來自我在麥肯錫工作期
間，要不是與那裡許多同事的密切合作，就不會有此書。
我要特別謝謝Michael Birshan、Renée Dye、Marja Engel、
Mladen Fruk、Stephen Hall、John Horn、Bill Huyett、Conor
Kehoe、Tim Koller、Devesh Mittal、Reinier Musters、Ishaan
Nangia、Daniel Philbin-Bowman、Patrick Viguerie、Blair
Warner和Zane Williams。我也要謝謝Omri Benayoun、Victor
Fabius、Nathalie Gonzalez與Neil Janin，謝謝他們仔細閱讀
本書連續好幾版的草稿，並審慎給予評論。

　　如果沒有出色的出版專業人士特別跨洋合作，本書無
法問世。我在Débats Publics的朋友，在2014年鼓勵我寫出
本書的第一版初稿。Flammarion的Sophie Berlin和Pauline
Kipfer將本書引介給更廣大的讀者群。我非常感謝我的版代
John Brockman，讓本書能夠發行英文版。我也要謝謝Kate

Deimling細心而巧妙的翻譯。最後，我要感謝Little, Brown令人驚艷的編輯團隊，是他們施展魔法，讓原稿變成你現在看到的完成品。我也發自心底感謝Tracy Behar、Ian Straus、Pamela Marshall以及Janet Byrne，謝謝他們的全心付出和專業。

附錄一：五大偏誤類型

模式辨認偏誤（**pattern-recognition biases**）

偏誤	定義	頁數
確認偏誤，說故事	我們比較關注那些支持我們所做假設的事實，而忽視那些推翻假設的資訊，尤其是我們的假設以脈絡連貫的方式編排時。	42
經驗偏誤	我們在推論時，會拿我們最容易想到的自身經驗做類比。	45
優勝者偏誤	相較於資訊本身的價值，我們過於看重傳達資訊的信使的聲譽。	45
歸因謬誤	我們把成功或失敗歸因於個人的角色，低估環境與機遇成分。	61
光環效應	我們根據少數明顯的特質形成整體印象（對人、公司等），並讓這個印象（光環）影響我們對不相關特質的評估。	65
倖存者偏誤	我們從只有成功、沒有失敗的樣本做出結論。	70
後見之明偏誤	我們根據在做決策當時沒有的資訊評判過去的決策，尤其是與結果相關的資訊。	142

行動導向偏誤（action-oriented biases）

偏誤	定義	頁數
過度自信	我們會高估我們的相對能力，也就是高估我們優於別人的程度。	95
計畫謬誤，過度樂觀	對於可能打壞計畫的事物（或是事物的組合），我們的考慮不足，導致在估計計畫完成所需的時間和成本時過度樂觀。	96
過度精確	高估我們對自己的估計和預測可以信賴的程度。	99
忽視競爭者	在研擬計畫時，忽略競爭者對我們的行動所產生可能的反應。	101

慣性偏誤（inertia biases）

偏誤	定義	頁數
錨定效應	在做估計時，我們會受到現成數字的影響，即使是不相關的數字。	116
資源慣性	我們畏怯於按照自己所說的優先順序重新分配資源，尤其是這些順序突然變動之時。	119
承諾升級，沉沒成本謬誤	我們對失敗的行動加碼下注，特別是因為沒把之前投入的資源當成沉沒成本。	121
現狀偏誤	我們傾於避免做決定，以維持現狀為預設立場。	129
不理性的風險規避	我們拒絕承受合理的風險，害怕萬一失敗的話，從後見之明來看，我們的選擇愚蠢不堪，而且遭受不公允的責怪。	136
損失規避	我們對於損失的感受，比對相同利益的感受更強烈。	139
不確定性規避	我們偏好可量化的風險，而不是偏好未知的風險（「不確定性」或「模糊性」），即使可量化的風險很高。	141

社會偏誤（social biases）

偏誤	定義	頁數
群體迷思	我們在團體裡時，會默默吞下疑慮，並與普遍的意見站在同一邊，而不是表達異議。	169
群體極化	群體所達成的結論，往往會比個別成員的平均觀點來得極端，而且對結論的信心更為強烈。	178
資訊瀑布	在群體裡，發言者的順序會影響討論的結果，因為私有資訊會被保留不宣，而共享的資訊會被強調。	178

利益偏誤（interest biases）

偏誤	定義	頁數
現時偏誤	我們在做現在與未來的取捨時，採用不同的折現率，導致我們過度重視現在（管理短視）。	162
自利偏誤	我們真心相信那些剛好與我們的利益相符的觀點，無論是財務或其他利益（包括情感依附）。	194
不作為偏誤	相較於因為作為而犯的錯誤，我們對於因為不作為而出現的錯誤比較容易輕縱，而且因為不作為而受惠時，在道德上覺得比較能接受。	196

附錄二：提升決策品質的四十個技巧

策畫對話

技巧	頁數
參與者的組成，在認知上務必有足夠的多元性。	282
為真實的討論保留充份的時間。	283
把對話納入議程：區分「討論」和「決定」項目。	284
限制使用PowerPoint；考慮以書面備忘錄取代簡報投影片。	285
禁用誤導的類比，和類似的說故事論述。	288
強制實行冷靜期，避免倉促的結論。	289
要求每個參與者提出「資產負債表」，以鼓勵細膩的觀點。	290
指定負責唱反調的「魔鬼代言人」。	291
不能只有單一提案，要多案並呈（「強制備選方案」）。	293
自問，如果目前的選項不得，你會怎麼做（「選項消失測試」）。	293
要求提案者提出與原案競爭的觀點（「講述另一個故事」）。	294
執行「事前驗屍」。	296
組成臨時特別委員會（例如，「六個朋友」）。	298

| 寫下破局原因清單，在做決策時檢視（「執行長抽屜裡的備忘錄」）。 | 299 |
| 還有，不要忘記……為討論設定結束時間（「異見加上期限」）。 | 301 |

鼓勵歧異

技巧	頁數
經營非正式顧問網。	308
取得未經過濾的專家意見。	309
不讓你的顧問知道你的假設。	311
創造正式的「外部挑戰者」。	312
成立「紅隊」，或是創建「戰爭遊戲」練習。	313
運用「群眾智慧」，彙集估計值（簡單平均數、預測市場），或是蒐集建議。	315
建立模型，為資源分配決策「重新定錨」。	317
運用多個類比對抗確認偏誤。	319
改變預設立場，以對抗現狀偏誤（例如，業務組合檢討）。	320
一再重現的決策，可以運用標準化架構和範本。	322
獨特的決策，事先界定決策標準。	324
對關鍵假設進行「壓力測試」（尤其是最糟情境）。	326
根據類似計畫的參考組別，採取「外部觀點」。	327
隨著新數據的出現，更新你的信念（可能的話，運用貝氏定理）。	328
還有，不要忘記……找方法培養謙遜（例如，「反投資組合」）。	332

促進靈活的決策動力

技巧	頁數
培養友善的氣氛。	339
促進「有話直說」的文化。	341
個人誘因與共同利益一致。	342
尋找免費學習的方法。	343
進行真實的實驗，並允許實驗失敗。	345
成功也要做事後檢討。	348
承諾逐步加碼，不要一次全部下注。	349
認可失敗的權利，而不是犯錯的權利。	350
像「德州神槍手」一樣做策略：限制對外的溝通具體策略。	353
以身作則，展現根據事實和討論改變心意的能力。	354
兩人或多人分享決策權。	356
在「內部圈」或是沒有利益衝突的小型委員會做決策。	356
還有，不要忘記……睡過一夜之後再做決策，並為決策負起責任。	357

參考書目

一、全書參考書目

行為心理學、決策與一般認知偏誤

Ariely, Dan. *Predictably Irrational.* New York: HarperCollins, 2008.

Cialdini, Robert B. *Influence: How and Why People Agree to Things.* New York: Morrow, 1984.

Kahneman, Daniel. *Thinking, Fast and Slow.* New York: Farrar, Straus and Giroux, 2011.

Thaler, Richard H. *Misbehaving: The Making of Behavioral Economics.* New York: W. W. Norton, 2015.

認知科學在商業的應用，尤其是在認知偏誤對商業決策的影響

Bazerman, Max H., and Don A. Moore. *Judgment in Managerial Decision Making.* Hoboken, NJ: Wiley, 2008.

Finkelstein, Sydney, Jo Whitehead, and Andrew Campbell. *Think Again: Why Good Leaders Make Bad Decisions and How to Keep It from Happening to You.* Boston: Harvard Business Review, 2008.

Heath, Chip, and Dan Heath. *Decisive: How to Make Better Choices in Life and Work.* New York: Crown Business, 2013.

Rosenzweig, Phil. *The Halo Effect . . . and the Eight Other Business Delusions That Deceive Managers.* New York: Free Press, 2007.

Sunstein, Cass R., and Reid Hastie. *Wiser: Getting Beyond Groupthink to Make Better Decisions.* Boston: Harvard Business Review, 2015.

行為策略

Lovallo, Dan, and Olivier Sibony. "The Case for Behavioral Strategy." *McKinsey Quarterly,* March 2010, 30–43.

Powell, Thomas C., Dan Lovallo, and Craig R. Fox. "Behavioral Strategy." *Strategic Management Journal* 32, no. 13 (2011): 1369–86.

Sibony, Olivier, Dan Lovallo, and Thomas C. Powell. "Behavioral Strategy and the Strategic Decision Architecture of the Firm." *California Management Review* 59, no. 3 (2017): 5–21.

行為心理學在公共政策中的應用

Halpern, David. *Inside the Nudge Unit: How Small Changes Can Make a Big Difference.* W. H. Allen, 2015.

Thaler, Richard H., and Cass R. Sunstein. *Nudge: Improving Decisions About Health, Wealth, and Happiness.* New Haven, CT: Yale University Press, 2008.

最後，介紹決策的理論觀點

March, James G. *Primer on Decision Making: How Decisions Happen.* New York: Free Press, 1994.

二、章節參考書目

導論　小心！你就要犯下大錯！（除非你繼續讀下去）

管理決策中的錯誤

Carroll, Paul B., and Chunka Mui. *Billion Dollar Lessons: What You Can Learn from the Most Inexcusable Business Failures of the Last 25 Years.* New York: Portfolio/ Penguin, 2008.

Finkelstein, Sydney. *Why Smart Executives Fail: And What You Can*

Learn from Their Mistakes. New York: Portfolio/Penguin, 2004.

組織錯誤的相關問題，不包含在本書中
Hofmann, David A., and Michael Frese, eds. *Errors in Organizations.* SIOP Organizational Frontiers Series. New York: Routledge, 2011.

Perrow, Charles. *Normal Accidents: Living with High-Risk Technologies.* New York: Basic Books, 1984.

Reason, James. *Human Error.* Cambridge: Cambridge University Press, 1990.

其他引注資料
對兩千名經理人的調查：

Lovallo, Dan, and Olivier Sibony. "The Case for Behavioral Strategy." *McKinsey Quarterly,* March 2010.

無意識偏見訓練：

Lublin, Joann S. "Bringing Hidden Biases into the Light." *Wall Street Journal,* January 9, 2014. See also Shankar Vedantam, "Radio Reply: The Mind of the Village," *The Hidden Brain,* National Public Radio, March 9, 2018, featuring Mahzarin Banaji and others.

「推力」運動：

Thaler, Richard H., and Cass R. Sunstein. *Nudge: Improving Decisions About Health, Wealth, and Happiness.* New Haven, CT: Yale University Press, 2008.

企業行為科學小組：

Güntner, Anna, Konstantin Lucks, and Julia Sperling-Magro. "Lessons from the Front Line of Corporate Nudging." *McKinsey Quarterly,* January 2019.

諸如認知、心理學之類的關鍵字：

Sibony, Olivier, Dan Lovallo, and Thomas C. Powell. "Behavioral Strategy and the Strategic Decision Architecture of the Firm." *California*

Management Review 59, no. 3 (2017): 5–21.

麥肯錫一項涵蓋約八百名企業董事的調查：

Bhagat, Chinta, and Conor Kehoe. "High-Performing Boards: What's on Their Agenda?" *McKinsey Quarterly,* April 2014.

「要是人類這麼笨，那我們是怎麼登上月球的？」：

Nisbett, Richard E., and Lee Ross. *Human Inference: Strategies and Shortcomings of Social Judgment.* Englewood Cliffs, NJ.: Prentice Hall, 1980.

Nisbett, Richard E., and Lee Ross. *Human Inference: Strategies and Shortcomings of Social Judgment.* Englewood Cliffs, NJ: Prentice Hall, 1980. Cited in Chip Heath, Richard P. Larrick, and Joshua Klayman. "Cognitive Repairs: How Organizational Practices Can Compensate for Individual Shortcomings." *Research in Organizational Behavior* 20, no. 1 (1998): 1–37.

1. 說故事陷阱：我只想聽我想要相信的故事

「嗅油飛機」

Gicquel, François. "Rapport de la Cour des Comptes sur l'affaire des avions reni%eurs." January 21, 1981. https://fr.wikisource.org/w/index.php?oldid=565802.

Lascoumes, Pierre. "Au nom du progrès et de la Nation: Les 'avions reni%eurs.' La science entre l'escroquerie et le secret d'État." *Politix* 48, no. 12 (1999): 129–55.

Lashinsky, Adam. "How a Big Bet on Oil Went Bust." *Fortune,* March 26, 2010.

確認偏誤

Nickerson, Raymond S. "Confirmation Bias: A Ubiquitous Phenomenon in Many Guises." *Review of General Psychology* 2, no. 2 (1998):

175–220.

Soyer, Emre, and Robin M. Hogarth. "Fooled by Experience." *Harvard Business Review,* May 2015, 73–77.

Stanovich, Keith E., and Richard F. West. "On the Relative Independence of Thinking Biases and Cognitive Ability." *Journal of Personality and Social Psychology* 94, no. 4 (2008): 672–95.

Stanovich, Keith E., Richard F. West, and Maggie E. Toplak. "Myside Bias, Rational Thinking, and Intelligence," *Current Directions in Psychological Science* 22, no. 4 (2013): 259–64.

假新聞和同溫層

Lazer, David M. J., et al. "The Science of Fake News." *Science* 359 (2018): 1094–96.

Kahan, Dan M., et al. "Science Curiosity and Political Information Processing," *Political Psychology* 38 (2017): 179–99.

Kraft, Patrick W., Milton Lodge, and Charles S. Taber. "Why People 'Don't Trust the Evidence': Motivated Reasoning and Scientific Beliefs." *Annals of the American Academy of Political and Social Science* 658, no. 1 (2015): 121–33.

Pariser, Eli. *The Filter Bubble: What the Internet Is Hiding from You.* London: Penguin, 2011.

Pennycook, Gordon, and David G. Rand. "Who Falls for Fake News? The Roles of Bullshit Receptivity, Overclaiming, Familiarity, and Analytic Thinking." SSRN working paper no. 3023545, 2018.

Taber, Charles S., and Milton Lodge. "Motivated Skepticism in the Evaluation of Political Beliefs." *American Journal of Political Science* 50, no. 3 (2006): 755–69.

鑑識的確認偏誤

Dror, Itiel E. "Biases in Forensic Experts." *Science* 360 (2018): 243.

Dror, Itiel E., and David Charlton. "Why Experts Make Errors." *Journal of Forensic Identification* 56, no. 4 (2006): 600–616.

傑西潘尼百貨

D'Innocenzio, Anne. "J. C. Penney: Can This Company Be Saved?" Associated Press in *USA Today,* April 9, 2013.

Reingold, Jennifer. "How to Fail in Business While Really, Really Trying." *Fortune,* March 20, 2014.

可複製性危機

Ioannidis, John P. A. "Why Most Published Research Findings Are False." *PLoS Medicine* 2, no. 8 (2005): 0696–0701.

Lehrer, Jonah. "The Truth Wears Off." *The New Yorker,* December 2010.

Neal, Tess M. S., and Thomas Grisso. "The Cognitive Underpinnings of Bias in Forensic Mental Health Evaluations." *Psychology, Public Policy, and Law* 20, no. 2 (2014): 200–211.

Simmons, Joseph P., Leif D. Nelson, and Uri Simonsohn. "False-Positive Psychology: Undisclosed Flexibility in Data Collection and Analysis Allows Presenting Anything as Significant." *Psychological Science* 22, no. 11 (2011): 1359–66.

其他

Taleb, Nassim Nicholas. *The Black Swan: The Impact of the Highly Improbable,* 2d ed. New York: Random House, 2010.

2. 模仿陷阱：我也可以和天才賈伯斯一樣

光環效應

Collins, Jim, and Jerry I. Porras. *Built to Last: Successful Habits of Visionary Companies*. New York: Harper & Row, 1982.

Nisbett, Richard E., and Timothy DeCamp Wilson. "The Halo Effect: Evidence for Unconscious Alteration of Judgments." *Journal of Personality and Social Psychology* 35, no. 4 (1977): 250–56.

Peters, Thomas J., and Robert H. Waterman Jr. *In Search of Excellence: Lessons from America's Best-Run Companies.* New York: Warner Books, 1984.

Rosenzweig, Phil. *The Halo Effect . . . and the Eight Other Business Delusions That Deceive Managers.* New York: Free Press, 2007.

強制分級制度

Cohan, Peter. "Why Stack Ranking Worked Better at GE Than Microsoft." *Forbes,* July 2012.

Kwoh, Leslie. " 'Rank and Yank' Retains Vocal Fans." *Wall Street Journal,* January 31, 2012.

模仿策略的危險

Nattermann, Philipp M. "Best Practice Does Not Equal Best Strategy." *McKinsey Quarterly,* May 2000, 22–31.

Porter, Michael E. "What Is Strategy?" *Harvard Business Review,* November–December 1996.

倖存者偏誤

Brown, Stephen J., et al. "Survivorship Bias in Performance Studies." *Review of Financial Studies* 5, no. 4 (1992): 553–80.

Carhart, Mark M. "On Persistence in Mutual Fund Performance." *Journal of Finance* 52, no. 1 (1997): 57–82.

Ellenberg, Jordan. *How Not to Be Wrong: The Power of Mathematical Thinking.* London: Penguin, 2015.

3. 直覺陷阱：什麼時候可以相信直覺？

在經營與管理上使用直覺

Akinci, Cinla, and Eugene Sadler-Smith. "Intuition in Management Research: A Historical Review." *International Journal of Management Reviews* 14 (2012): 104–22.

Dane, Erik, and Michael G. Pratt. "Exploring Intuition and Its Role in Managerial Decision Making." *Academy of Management Review* 32, no. 1 (2007): 33–54.

Hensman, Ann, and Eugene Sadler-Smith. "Intuitive Decision Making in Banking and Finance." *European Management Journal* 29, no. 1 (2011): 51–66.

Sadler-Smith, Eugene, and Lisa A. Burke-Smalley. "What Do We Really Understand About How Managers Make Important Decisions?" *Organizational Dynamics* 9 (2014): 16.

自然決策

Cholle, Francis P. *The Intuitive Compass: Why the Best Decisions Balance Reason and Instinct*. Hoboken, NJ: Jossey-Bass/Wiley, 2011.

Gigerenzer, Gerd. *Gut Feelings: Short Cuts to Better Decision Making*. London: Penguin, 2008.

Gladwell, Malcolm. *Blink: The Power of Thinking Without Thinking*. New York: Little, Brown, 2005.

Klein, Gary. *Sources of Power: How People Make Decisions*. Cambridge, MA: MIT Press, 1998.

捷思法與偏誤

Kahneman, Daniel. *Thinking, Fast and Slow*. New York: Farrar, Straus and Giroux, 2011.

Tversky, Amos, and Daniel Kahneman. "Belief in the Law of Small

Numbers." *Psychological Bulletin* 76, no. 2 (1971): 105–10.

———. "Judgment Under Uncertainty: Heuristics and Biases." *Science* 185 (1974): 1124–31.

康納曼與克萊恩之間的對抗性合作

Kahneman, Daniel, and Gary Klein. "Conditions for Intuitive Expertise: A Failure to Disagree." *American Psychologist* 64, no. 6 (2009): 515–26.

"Strategic Decisions: When Can You Trust Your Gut?" Interview with Daniel Kahneman and Gary Klein. *McKinsey Quarterly,* March 2010.

在各種領域，專業知識的有效度

Shanteau, James. "Competence in Experts: The Role of Task Characteristics." *Organizational Behavior and Human Decision Processes* 53, no. 2 (1992):252–66.

———. "Why Task Domains (Still) Matter for Understanding Expertise." *Journal of Applied Research in Memory and Cognition* 4, no. 3 (2015): 169–75.

Tetlock, Philip E. *Expert Political Judgment: How Good Is It? How Can We Know?* Princeton, NJ: Princeton University Press, 2005.

召募決策與直覺的（非）相關性

Dana, Jason, Robyn Dawes, and Nathanial Peterson. "Belief in the Unstructured Interview: The Persistence of an Illusion." *Judgment and Decision Making* 8, no. 5 (2013): 512–20.

Heath, Dan, and Chip Heath. "Why It May Be Wiser to Hire People Without Meeting Them." *Fast Company,* June 1, 2009.

Moore, Don A. "How to Improve the Accuracy and Reduce the Cost of Personnel Selection." *California Management Review* 60, no. 1 (2017): 8–17.

Schmidt, Frank L., and John E. Hunter. "The Validity and Utility of Selection Methods in Personnel Psychology: Practical and Theoretical Implications of 85 Years of Research Findings." *Psychological Bulletin* 124, no. 2 (1998): 262–74.

4. 過度自信陷阱：做就對了，還要考慮什麼？

過度自信

Moore, Don A., and Paul J. Healy. "The Trouble with Overconfidence." *Psychological Review* 115, no. 2 (2008): 502–17.

Svenson, Ola. "Are We All Less Risky and More Skillful Than Our Fellow Drivers?" *Acta Psychologica* 47, no. 2 (1981): 143–48.

Thaler, Richard H., and Cass R. Sunstein. *Nudge: Improving Decisions About Health, Wealth, and Happiness*. New Haven, CT: Yale University Press, 2008.

樂觀預測與計畫謬誤

Buehler, Roger, Dale Griffin, and Michael Ross. (1994). "Exploring the 'Planning Fallacy': Why People Underestimate Their Task Completion Times." *Journal of Personality and Social Psychology* 67, no. 3 (1994): 366–81.

Flyvbjerg, Bent, Mette Skamris Holm, and Soren Buhl. "Underestimating Costs in Public Works, Error or Lie?" *Journal of the American Planning Association* 68, no. 3 (Summer 2002): 279–95.

Frankel, Jeffrey A. "Over-Optimism in Forecasts by Official Budget Agencies and Its Implications." NBER working paper no. 17239, 2011.

過度精確

Alpert, Marc, and Howard Raiffa. "A Progress Report on the Training of

Probability Assessors." In *Judgment Under Uncertainty: Heuristics and Biases,* edited by Daniel Kahneman, Paul Slovic, and Amos Tversky, 294–305. Cambridge:Cambridge University Press, 1982.

Russo, J. Edward, and Paul J. H. Schoemaker. "Managing Overconidence." *Sloan Management Review* 33, no. 2 (1992): 7–17.

低估競爭與忽略競爭者

Cain, Daylian M., Don A. Moore, and Uriel Haran. "Making Sense of Overconidence in Market Entry." *Strategic Management Journal* 36, no. 1 (2015): 1–18.

Dillon, Karen. " 'I Think of My Failures as a Gift.' " *Harvard Business Review,* April 2011, 86–89.

"How Companies Respond to Competitors: A McKinsey Survey." *McKinsey Quarterly,* April 2008.

Moore, Don A., John M. Oesch, and Charlene Zietsma. "What Competition? Myopic Self-Focus in Market-Entry Decisions." *Organization Science* 18, no. 3 (2007): 440–54.

Rumelt, Richard P. *Good Strategy/Bad Strategy: The Difference and Why It Matters.*

New York: Crown Business, 2011.

演化篩選下的偏誤

Santos, Laurie R., and Alexandra G. Rosati. "The Evolutionary Roots of Human Decision Making," *Annual Review of Psychology* 66, no. 1 (2015): 321–47.

樂觀的好處

Rosenzweig, Phil. "The Benefits—and Limits—of Decision Models." *McKinsey Quarterly,* February 2014, 1–10.

——. *Left Brain, Right Stuff: How Leaders Make Winning Decisions.*

New York: Public Affairs, 2014.

其他

Graser, Marc. "Epic Fail: How Blockbuster Could Have Owned Net%ix." *Variety,* November 12, 2013.

5. 慣性陷阱：何必破壞現狀？

寶麗來

Rosenbloom, Richard S., and Ellen Pruyne. "Polaroid Corporation: Digital Imaging Technology in 1997." Harvard Business School case study no. 798-013, October 1977. https://www.hbs.edu/faculty/Pages/item.aspx?num=24164.

Tripsas, Mary, and Giovanni Gavetti. "Capabilities, Cognition, and Inertia: Evidence from Digital Imaging." *Strategic Management Journal* 21, no. 10 (2000): 1147–61.

資源分配慣性

Bardolet, David, Craig R. Fox, and Don Lovallo. "Corporate Capital Allocation: A Behavioral Perspective." *Strategic Management Journal* 32, no. 13 (2011): 1465–83.

Birshan, Michael, Marja Engel, and Olivier Sibony. "Avoiding the Quicksand: Ten Techniques for More Agile Corporate Resource Allocation." *McKinsey Quarterly,* October 2013, 6.

Hall, Stephen, and Conor Kehoe. "How Quickly Should a New CEO Shift Corporate Resources?" *McKinsey Quarterly,* October 2013, 1–5.

Hall, Stephen, Dan Lovallo, and Reinier Musters. "How to Put Your Money Where Your Strategy Is." *McKinsey Quarterly,* March 2012, 11.

錨定效應

Englich, Birte, Thomas Mussweiler, and Fritz Strack. "Playing Dice with Criminal Sentences: The In%uence of Irrelevant Anchors on Experts' Judicial Decision Making." *Personality and Social Psychology Bulletin* 32, no. 2 (2006):188–200.

Galinsky, Adam D., and Thomas Mussweiler. "First Offers as Anchors: The Role of Perspective-Taking and Negotiator Focus." *Journal of Personality and Social Psychology* 81, no. 4 (2001): 657–69.

Strack, Fritz, and Thomas Mussweiler. "Explaining the Enigmatic Anchoring Effect: Mechanisms of Selective Accessibility." *Journal of Personality and Social Psychology* 73, no. 3 (1997): 437–46.

Tversky, Amos, and Daniel Kahneman. "Judgment Under Uncertainty: Heuristics and Biases." *Science* 185 (1974): 1124–31.

承諾升級

Drummond, Helga. "Escalation of Commitment: When to Stay the Course." *Academy of Management Perspectives* 28, no. 4 (2014): 430–46.

Royer, Isabelle. "Why Bad Projects Are So Hard to Kill." *Harvard Business Review,* February 2003, 48–56.

Staw, Barry, M. "The Escalation of Commitment: An Update and Appraisal." In *Organizational Decision Making,* edited by Zur Shapira, 191–215. Cambridge: Cambridge University Press, 1997.

———. "The Escalation of Commitment to a Course of Action." *Academy of Management Review* 6, no. 4 (1981): 577–87.

通用汽車的釷星事業部門

Ritson, Mark. "Why Saturn Was Destined to Fail." *Harvard Business Review,* October 2009, 2–3.

Taylor, Alex, III. "GM's Saturn Problem." *Fortune,* December 2014.

少量的撤資項目

Feldman, Emilie, Raphael Amit, and Belen Villalonga. "Corporate Divestitures and Family Control." *Strategic Management Journal* 37, no. 3 (2014) 429–46.

Horn, John T., Dan P. Lovallo, and S. Patrick Viguerie. "Learning to Let Go:Making Better Exit Decisions." *McKinsey Quarterly,* May 2006, 64.

Lee, Donghun, and Ravi Madhavan. "Divestiture and Firm Performance: A Meta- Analysis." *Journal of Management* 36, no. 6 (February 2010): 1345–71.

破壞

Christensen, Clayton M. *The Innovator's Dilemma: When New Technologies Cause Great Firms to Fail.* Boston: Harvard Business School Press, 1997.

網飛與 Qwikster

Wingfield, Nick, and Brian Stelter. "How Net%ix Lost 800,000 Members, and Good Will." *New York Times,* October 24, 2011.

現狀偏誤

Kahneman, Daniel, Jack L. Knetsch, and Richard H. Thaler. "Anomalies: The Endowment Effect, Loss Aversion, and Status Quo Bias." *Journal of Economic Perspectives* 5, no. 1 (1991): 193–206.

Samuelson, William, and Richard Zeckhauser. "Status Quo Bias in Decision Making." *Journal of Risk and Uncertainty* 1, no. 1 (1988): 7–59.

其他引注資料

「承認錯誤,並及時中止不成功的計畫」:

McKinsey study of 463 executives, 2009. See "Strategic Decisions: When Can You Trust Your Gut?" Interview with Daniel Kahneman and Gary Klein. *McKinsey Quarterly,* March 2010.

退場決策指標研究：

Horn, John T., Dan P. Lovallo, and S. Patrick Viguerie. "Learning to Let Go: Making Better Exit Decisions." *McKinsey Quarterly,* May 2006, 64.

6. 風險認知陷阱：我希望你勇於冒險

強烈的風險規避

Koller, Tim, Dan Lovallo, and Zane Williams. "Overcoming a Bias Against Risk." *McKinsey Quarterly,* August 2012, 15–17.

大型企業缺少創新

Armental, Maria. "U.S. Corporate Cash Piles Drop to Three-Year Low." *Wall Street Journal,* June 10, 2019.

Christensen, Clayton M., and Derek C. M. van Bever. "The Capitalist's Dilemma." *Harvard Business Review,* June 2014, 60–68.

Grocer, Stephen. "Apple's Stock Buybacks Continue to Break Records." *New York Times,* August 1, 2018.

損失規避

Kahneman, Daniel, and Amos Tversky. "Prospect Theory: An Analysis of Decision Under Risk." *Econometrica* 47, no. 2 (1979): 263–91.

後見之明偏誤

Baron, Jonathan, and John C. Hershey. "Outcome Bias in Decision Evaluation." *Journal of Personality and Social Psychology* 54, no. 4 (1988): 569–79.

Fischhoff, Baruch. "An Early History of Hindsight Research." *Social Cognition* 25,no. 1 (2007): 10–13.

——. "Hindsight Is Not Equal to Foresight: The Effect of Outcome Knowledge on Judgment Under Uncertainty." *Journal of Experimental Psychology: Human Perception and Performance* 1, no. 3 (1975): 288–99.

Fischhoff, Baruch, and Ruth Beyth. " 'I Knew It Would Happen': Remembered Probabilities of Once-Future Things." *Organizational Behavior and Human Performance* 13, no. 1 (1975): 1–16.

歷史研究中的敘事偏誤與後見之明偏誤
Risi, Joseph, et al. "Predicting History." *Nature Human Behaviour* 3 (2019):906–12.

Rosenberg, Alex. *How History Gets Things Wrong: The Neuroscience of Our Addiction to Stories*. Cambridge, MA: MIT Press, 2018.

1940年，邱吉爾的崛起
Shakespeare, Nicholas. *Six Minutes in May: How Churchill Unexpectedly Became Prime Minister*. London: Penguin Random House, 2017.

組織中的後見之明偏誤
Thaler, Richard H. *Misbehaving: The Making of Behavioral Economics*. New York: W. W. Norton, 2015.

怯弱選擇與大膽預測的矛盾
Kahneman, Daniel, and Dan Lovallo. "Timid Choices and Bold Forecasts: A Cognitive Perspective on Risk Taking." *Management Science* 39, no. 1 (1993): 17–31.

March, James G., and Zur Shapira. "Managerial Perspectives on Risk and Risk Taking." *Management Science* 33, no. 11 (1987): 1404–18.

其他引注資料

「絕對是心理學對行為經濟學最重要的頁獻」：

Kahneman, Daniel. *Thinking, Fast and Slow.* New York: Farrar, Straus and Giroux, 2011, 360.

7. 時間範圍陷阱：長期太遠了

長期資本主義（long-term capitalism）

Barton, Dominic, and Mark Wiseman. "Focusing Capital on the Long Term." *McKinsey Quarterly,* December 2013.

Business Roundtable. "Statement on the Purpose of a Corporation." August 19, 2019. Available at https://opportunity.businessroundtable. org/wp-content/uploads/2020/02/BRT-Statement-on-the-Purpose-of-a-Corporation-with-Signatures-Feb2020.pdf.

Fink, Laurence D. Letter to CEOs. March 21, 2014.

George, Bill. "Bill George on Rethinking Capitalism." *McKinsey Quarterly,* December 2013.

Polman, Paul. "Business, Society, and the Future of Capitalism." *McKinsey Quarterly,* May 2014.

Porter, Michael, and Marc Kramer. "Creating Shared Value." *Harvard Business Review,* January 2011.

管理短視

Asker, John, Joan Farre-Mensa, and Alexander Ljungqvist. "Corporate Investment and Stock Market Listing: A Puzzle?" *Review of Financial Studies* 28, no. 2 (February 2015): 342–90.

Graham, John R., Campbell R. Harvey, and Shiva Rajgopal. "Value Destruction and Financial Reporting Decisions." *Financial Analysts Journal* 62, no. 6 (2006): 27–39.

盈餘指引

Buffett, Warren E., and Jamie Dimon. "Short-Termism Is Harming the Economy." *Wall Street Journal,* June 6, 2018.

Cheng, Mey, K. R. Subramanyam, and Yuan Zhang. "Earnings Guidance and Managerial Myopia." SSRN working paper, November 2005.

Hsieh, Peggy, Timothy Koller, and S. R. Rajan. "The Misguided Practice of Earnings Guidance." *McKinsey on Finance,* Spring 2006.

Palter, Rob, Werner Rehm, and Johnathan Shih. "Communicating with the Right Investors." *McKinsey Quarterly,* April 2008.

現時偏誤與自制力問題

Benhabib, Jess, Alberto Bisin, and Andrew Schotter. "Present-Bias, Quasi-Hyperbolic Discounting, and Fixed Costs." *Games and Economic Behavior* 69, no. 2 (2010): 205–23.

Frederick, Shane, George Loewenstein, and Ted O'Donoghue. "Time Discounting and Time Preference: A Critical Review." *Journal of Economic Literature* 40, no. 2 (2002): 351–401.

Laibson, David. "Golden Eggs and Hyperbolic Discounting." *Quarterly Journal of Economics* 112, no. 2 (1997): 443–77.

Loewenstein, George, and Richard H. Thaler. "Anomalies: Intertemporal Choice." *Journal of Economic Perspectives* 3, no. 4 (1989): 181–93.

Thaler, Richard H. "Some Empirical Evidence on Dynamic Inconsistency." *Economics Letters* 8, no. 3 (1981): 201–7.

Thaler, Richard H., and Hersh M. Shefrin. "An Economic Theory of Self-Control." *Journal of Political Economy* 89, no. 2 (1981): 392–406.

8. 群體迷思陷阱：每個人都在做，我為何要與眾不同？

群體迷思

Janis, Irving L. *Groupthink: Psychological Studies of Policy Decisions and Fiascoes*. Boston: Wadsworth, 1982.

Schlesinger, Arthur M., Jr. *A Thousand Days: John F. Kennedy in the White House*. Boston: Houghton Mif%in, 1965.

Whyte, William H. "Groupthink (Fortune 1952)." *Fortune,* July 22, 2012.

巴菲特與可口可樂公司

Quick, Becky. CNBC *Closing Bell* interview with Warren E. Buffett, April 23, 2014. https://fm.cnbc.com/applications/cnbc.com/resources/editorial files/2014/04/23/2014-04-23%20Warren%20Buffett%20live%20interview%20transcript.pdf.

資訊瀑布與群體極化

Greitemeyer, Tobias, Stefan Schulz-Hardt, and Dieter Frey. "The Effects of Authentic and Contrived Dissent on Escalation of Commitment in Group Decision Making." *European Journal of Social Psychology* 39, no. 4 (June 2009): 639–47.

Heath, Chip, and Rich Gonzalez. "Interaction with Others Increases Decision Confidence but Not Decision Quality: Evidence Against Information Collection Views of Interactive Decision Making." *Organizational Behavior and Human Decision Processes* 61, no. 3 (1995): 305–26.

Hung, Angela A., and Charles R. Plott. "Information Cascades: Replication and an Extension to Majority Rule and Conformity-Rewarding Institutions." *American Economic Review* 91, no. 5 (December 2001): 1508–20. Stasser, Garold, and William Titus. "Hidden Profiles: A Brief History." *Psychological Inquiry* 14, nos. 3–4 (2003): 304–13.

Sunstein, Cass R. "The Law of Group Polarization." *Journal of Political Philosophy* 10, no. 2 (2002): 175–95.

Sunstein, Cass R., and Reid Hastie. *Wiser: Getting Beyond Groupthink to Make Better Decisions*. Boston: Harvard Business Review Press,

2015.

Whyte, Glen. "Escalating Commitment in Individual and Group Decision Making: A Prospect Theory Approach." *Organizational Behavior and Human Decision Processes* 54, no. 3 (1993): 430–55.

Zhu, David H. "Group Polarization in Board Decisions About CEO Compensation."

Organization Science 25, no. 2 (2013): 552–71.

9. 利益衝突陷阱：我相信自己絕對公正

代理理論

Bebchuk, Lucian A., and Jesse M. Fried. "Executive Compensation as an AgencyProblem." *Journal of Economic Perspectives* 17, no. 3 (2003): 71–92.

Fama, Eugene F., and Michael C. Jensen. "Separation of Ownership and Control." *Journal of Law and Economics* 26, no. 2 (1983): 301–25.

Hope, Ole-Kristian, and Wayne B. Thomas. "Managerial Empire Building and Firm Disclosure." *Journal of Accounting Research* 46, no. 3 (2008): 591–626.

Jensen, Michael C., and William H. Meckling. "Theory of the Firm: Managerial Behavior, Agency Costs and Ownership Structure." *Journal of Financial Economics* 3, no. 4 (1976): 305–60.

管理上的不當行為

Bergstresser, Daniel, and Thomas Philippon. "CEO Incentives and Earnings Management." *Journal of Financial Economics* 80, no. 3 (2006): 511–29.

Greve, Henrich R., Donald Palmer, and Jo-Ellen Pozner. "Organizations Gone Wild: The Causes, Processes, and Consequences of Organizational Misconduct." *Academy of Management Annals* 4, no.

1 (2010): 53–107.

McAnally, Mary Lea, Anup Srivastava, and Connie D. Weaver. "Executive Stock Options, Missed Earnings Targets, and Earnings Management." *Accounting Review* 83, no. 1 (2008): 185–216.

最後通牒賽局

Cameron, Lisa A. "Raising the Stakes in the Ultimatum Game: Experimental Evidence from Indonesia." *Economic Inquiry* 37, no. 1 (1999): 47–59.

Güth, Werner, Rolf Schmittberger, and Bernd Schwarze. "An Experimental Analysis of Ultimatum Bargaining." *Journal of Economic Behavior & Organization* 3, no. 4 (1982): 367–88.

Kahneman, Daniel, Jack L. Knetsch, and Richard H. Thaler. (1986). "Fairness and the Assumptions of Economics." *Journal of Business* 59, S4 (1986): S285–300.

Thaler, Richard H. "Anomalies: The Ultimatum Game." *Journal of Economic Perspectives* 2, no. 4 (1988): 195–206.

有限道德與行為倫理學

Ariely, Dan. *The (Honest) Truth About Dishonesty: How We Lie to Everyone—Especially Ourselves.* New York: HarperCollins, 2012.

Bazerman, Max H., George Loewenstein, and Don A. Moore. "Why Good Accountants Do Bad Audits." *Harvard Business Review,* November 2002.

Bazerman, Max H., and Don A. Moore. *Judgment in Managerial Decision Making.* Hoboken, NJ: Wiley, 2008.

Bazerman, Max H., and Francesca Gino. "Behavioral Ethics: Toward a Deeper Understanding of Moral Judgment and Dishonesty." *Annual Review of Law and Social Science* 8 (2012): 85–104.

Bazerman, Max H., and Ann E. Tenbrunsel. *Blind Spots: Why We Fail to*

Do What's Right and What to Do About It. Princeton, NJ: Princeton University Press, 2011.

Haidt, Jonathan. "The New Synthesis in Moral Psychology." *Science* 316 (2007): 998–1002.

Harvey, Ann H., et al. "Monetary Favors and Their In%uence on Neural Responses and Revealed Preference." *Journal of Neuroscience* 30, no. 28 (2010): 9597–9602.

Kluver, Jesse, Rebecca Frazier, and Jonathan Haidt. "Behavioral Ethics for Homo Economicus, Homo Heuristicus, and Homo Duplex." *Organizational Behavior and Human Decision Processes* 123, no. 2 (2014): 150–58.

委託與不作為的判斷差異

Paharia, Neeru, et al. "Dirty Work, Clean Hands: The Moral Psychology of Indirect Agency." *Organizational Behavior and Human Decision Processes* 109, no. 2 (2009): 134–41.

Spranca, Mark, Elisa Minsk, and Jonathan Baron. "Omission and Commission in Judgment and Choice." *Journal of Experimental Social Psychology* 27, no. 1 (1991): 76–105.

揭露規定

Cain, Daylian M., George Loewenstein, and Don A. Moore. (2005). "The Dirt on Coming Clean: Perverse Effects of Disclosing Con%icts of Interest." *Journal of Legal Studies* 34, no. 1 (2005): 1–25.

其他

Smith, Adam. *The Wealth of Nations*. Edited, with an Introduction and Notes by
Edwin Cannan. New York: Modern Library, 1994.

10. 認知偏誤是萬惡之源嗎？

偏誤的分類，以及克服偏誤的方法

Bazerman, Max H., and Don A. Moore. *Judgment in Managerial Decision Making*. Hoboken, NJ: Wiley, 2008.

Dobelli, Rolf. *The Art of Thinking Clearly*. Translated by Nicky Griffin. New York: HarperCollins, 2013.

Dolan, Paul, et al. "MINDSPACE: In%uencing Behaviour Through Public Policy." Cabinet Office and Institute for Government, London, UK,2010.

Finkelstein, Sydney, Jo Whitehead, and Andrew Campbell. *Think Again: Why Good Leaders Make Bad Decisions and How to Keep It from Happening to You.* Boston: Harvard Business Press, 2008.

Halpern, David. *Inside the Nudge Unit: How Small Changes Can Make a Big Difference*. New York: W. H. Allen, 2015.

Heath, Chip, and Dan Heath. *Decisive: How to Make Better Choices in Life and Work*. New York: Crown Business, 2013.

Service, Owain, et al. "EAST: Four Simple Ways to Apply Behavioural Insights." Behavioural Insights Ltd. and Nesta. April 2014.

Tversky, Amos, and Daniel Kahneman. "Judgment Under Uncertainty: Heuristics and Biases." *Science* 185 (1974): 1124–31.

在事後把所有壞的結果歸因於偏誤

Rosenzweig, Phil. *Left Brain, Right Stuff: How Leaders Make Winning Decisions*. New York: Public Affairs, 2014.

追蹤收購紀錄

Bruner, Robert F. "Does M&A Pay? A Survey of Evidence for the Decision- Maker." *Journal of Applied Finance* 12, no. 1 (2002): 48–68.

Cartwright, Susan, and Richard Schoenberg. "Thirty Years of Mergers and Acquisitions Research: Recent Advances and Future Opportunities." *British Journal of Management* 17, Suppl. 1 (2006).

Datta, Deepak K., George E. Pinches, and V. K. Narayanan. "Factors In%uencing Wealth Creation from Mergers and Acquisitions: A Meta-Analysis." *Strategic Management Journal* 13, no. 1 (1992): 67–84.

關於忽視競爭者,請見第4章的引用書目。關於撤資,請見第5章的引用書目。

11. 我們能克服自己的偏誤嗎?

努力克服偏誤

Dobelli, Rolf. *The Art of Thinking Clearly*. Translated by Nicky Griffin. New York: HarperCollins, 2013.

Finkelstein, Sydney, Jo Whitehead, and Andrew Campbell. *Think Again: Why Good Leaders Make Bad Decisions and How to Keep It From Happening to You.* Boston: Harvard Business Press, 2008.

Hammond, John S., Ralph L. Keeney, and Howard Raiffa. "The Hidden Traps in Decision Making." *Harvard Business Review,* January 2006, 47–58.

去偏誤與偏誤盲點

Fischhoff, Baruch. "Debiasing." In *Judgment Under Uncertainty: Heuristics and Biases,* edited by Daniel Kahneman, Paul Slovic, and Amos Tversky, 422–44. Cambridge: Cambridge University Press, 1982.

Milkman, Katherine L., Dolly Chugh, and Max H. Bazerman. "How Can Decision Making Be Improved?" *Perspectives on Psychological*

Science 4, no. 4 (2009): 379–83.

Morewedge, Carey K., et al. "Debiasing Decisions: Improved Decision Making with a Single Training Intervention." *Policy Insights from the Behavioral and Brain Sciences* 2, no. 1 (2015): 129–40.

Nisbett, Richard E. *Mindware: Tools for Smart Thinking.* New York: Farrar, Straus and Giroux, 2015.

Pronin, Emily, Daniel Y. Lin, and Lee Ross. "The Bias Blind Spot: Asymmetric Perceptions of Bias in Others Versus the Self." *Personality and Social Psychology Bulletin* 28, no. 3 (2002): 369–81.

Sellier, Anne-Laure, Irene Scopelliti, and Carey K. Morewedge. "Debiasing Training Transfers to Improve Decision Making in the Field." *Psychological Science* 30, no. 9 (2019): 1371–79.

Soll, Jack B., Katherine L. Milkman, and John W. Payne. "A User's Guide to Debiasing." In *The Wiley Blackwell Handbook of Judgment and Decision Making,* Vol. 2, edited by Gideon Keren and George Wu, 924–51. Chichester, UK: Wiley-Blackwell, 2016.

古巴飛彈危機

Kennedy, Robert F. *Thirteen Days: A Memoir of the Cuban Missile Crisis.* New York: W. W. Norton, 1969.

White, Mark. "Robert Kennedy and the Cuban Missile Crisis: A Reinterpretation." *American Diplomacy,* September 2007.

其他

McKinsey & Company. "Dan Ariely on Irrationality in the Workplace." Interview. February 2011. https://www.mckinsey.com/business-functions/strategy-and-corporate-finance/our-insights/dan-ariely-on-irrationality-in-the-workplace#.

Preston, Caroline E., and Stanley Harris. "Psychology of Drivers in Traffic Accidents." *Journal of Applied Psychology* 49, no. 4 (1965): 284–88.

其他引注資料

「我們可能會盲目於明顯的事物,而我們也會盲目於自己的盲目。」:
Kahneman, Daniel. *Thinking, Fast and Slow.* New York: Farrar, Straus and Giroux, 2011, 24.

「我真的不抱樂觀」:
"Strategic Decisions: When Can You Trust Your Gut?" Interview with Daniel Kahneman and Gary Klein. *McKinsey Quarterly,* March 2010.

12. 合作＋流程,徹底提升決策品質

太空探險的意外

Clervoy, Jean-François, private communication.

Space travel: Wikipedia, s.v. "List of Space%ight-Related Accidents and Incidents." Accessed July 20, 2014.

檢核表

Gawande, Atul. *The Checklist Manifesto: How to Get Things Right.* New York:Metropolitan Books, 2009.

Haynes Alex B., et al. "A Surgical Safety Checklist to Reduce Morbidity and Mortality in a Global Population." *New England Journal of Medicine* 360, no. 5 (2009): 491–99.

Kahneman, Daniel, Dan Lovallo, and Olivier Sibony. "The Big Idea: Before YouMake That Big Decision." *Harvard Business Review,* June 2011.

企業決策實務

Heath, Chip, Richard P. Larrick, and Joshua Klayman. "Cognitive Repairs : How Organizational Practices Can Compensate for Individual Shortcomings." *Research in Organizational Behavior* 20, no. 1 (1998): 1–37.

13. 章魚哥是優秀的決策者嗎？

比爾・米勒

McDonald, Ian. "Bill Miller Dishes on His Streak and His Strategy," *Wall Street Journal,* January 6, 2005.

Mlodinow, Leonard. *The Drunkard's Walk: How Randomness Rules Our Lives.* New York: Vintage, 2009.

投資決策

Garbuio, Massimo, Dan Lovallo, and Olivier Sibony. "Evidence Doesn't Argue for Itself: The Value of Disinterested Dialogue in Strategic Decision-Making." *Long Range Planning* 48, no. 6 (2015): 361–80.

Lovallo, Dan, and Olivier Sibony. "The Case for Behavioral Strategy." *McKinsey Quarterly,* March 2010, 30–43.

其他

"The Spectacular Rise and Fall of WeWork." *The Daily* podcast, *New York Times,* November 18, 2019, featuring Masayoshi Son.

14. 成功的對話技巧

腦力激盪

Diehl, Michael, and Wolfgang Stroebe. "Productivity Loss in Brainstorming Groups: Toward the Solution of a Riddle." *Journal of Personality and Social Psychology* 53, no. 3 (1987): 497–509.

Keeney, Ralph L. "Value-Focused Brainstorming." *Decision Analysis* 9, no. 4 (2012): 303–13.

Sutton, Robert I., and Andrew Hargadon. "Brainstorming Groups in Context: Effectiveness in a Product Design Firm." *Administrative Science Quarterly* 41, no. 4 (1996): 685–718.

認知多元化

Reynolds, Alison, and David Lewis. "Teams Solve Problems Faster When They're More Cognitively Diverse." *Harvard Business Review,* March 2017, 6.

Roberto, Michael A. *Why Great Leaders Don't Take Yes for an Answer.* Upper Saddle River, NJ: Pearson Education, Inc./Prentice Hall, 2005.

PowerPoint簡報

Bezos, Jeff. "Forum on Leadership: A Conversation with Jeff Bezos." April 20, 2018. Accessed at: https://www.youtube.com/watch?v=xu6vFIKAUxk&amp=& feature=youtu.be&amp=&t=26m31s].

——. Letter to Amazon shareholders ["shareowners"], [April 2017]. https://www.sec.gov/Archives/edgar/data/1018724/000119312518121161/d456916dex991.htm

Kaplan, Sarah. "Strategy and PowerPoint: An Inquiry into the Epistemic Culture and Machinery of Strategy Making." *Organization Science* 22, no. 2 (2011): 320–46.

真實的異議

Greitemeyer, Tobias, Stefan Schulz-Hardt, and Dieter Frey. "The Effects of Authentic and Contrived Dissent on Escalation of Commitment in Group Decision Making." *European Journal of Social Psychology* 39, no. 4 (June 2009): 639–47.

Nemeth Charlan, Keith Brown, and John Rogers. "Devil's Advocate Versus Authentic Dissent: Stimulating Quantity and Quality." *European Journal of Social Psychology* 31, no. 6 (2001): 707–20.

多重選項

Heath, Chip, and Dan Heath. *Decisive: How to Make Better Choices in*

Life and Work. New York: Crown Business, 2013.

Nutt, Paul C. "The Identification of Solution Ideas During Organizational Decision Making." *Management Science* 39, no. 9 (1993): 1071–85.

事前驗屍

Klein, Gary. "Performing a Project Premortem." *Harvard Business Review*, September 2007.

Klein, Gary, Paul D. Sonkin, and Paul Johnson. "Rendering a Powerful Tool Flaccid: The Misuse of Premortems on Wall Street." 2019. Retrieved from: https://capitalallocatorspodcast.com/wp-content/uploads/Klein-Sonkin-and-Johnson-2019-The-Misuse-of-Premortems-on-Wall-Street.pdf.

公平程序

Kim, W. Chan, and Renée Mauborgne. "Fair Process Managing in the Knowledge Economy." *Harvard Business Review*, January 2003.

Sunstein, Cass R., and Reid Hastie. *Wiser: Getting Beyond Groupthink to Make Better Decisions*. Boston: Harvard Business Review Press, 2015.

其他

"How We Do It: Three Executives Re%ect on Strategic Decision Making." Interview with Dan Lovallo and Olivier Sibony. *McKinsey Quarterly*, March 2010.

Schmidt, Eric. "Eric Schmidt on Business Culture, Technology, and Social Issues." *McKinsey Quarterly*, May 2011, 1–8.

15. 從不同角度看事物

麥可・布瑞

Lewis, Michael. *The Big Short: Inside the Doomsday Machine*. New York: W. W. Norton, 2010.

歧異想法的價值

Gino, Francesca. *Rebel Talent: Why It Pays to Break the Rules at Work and in Life*. New York: Dey Street Books, 2018.

Grant, Adam. *Originals: How Non-Conformists Change the World*. New York:
Penguin, 2017.

「紅隊」與建構分析技術

Chang, Welton, et al. "Restructuring Structured Analytic Techniques in Intelligence." *Intelligence and National Security* 33, no. 3 (2018): 337–56.

U.S. Government. "A Tradecraft Primer: Structured Analytic Techniques for Improving Intelligence Analysis. March 2009." Center for the Study of Intelligence, CIA.gov,March 2009, 1–45. https://www.cia.gov/library/center-for-the-study-of-intelligence/csi-publications/books-and-monographs/Tradecraft%20Primer-apr09.pdf.

群眾智慧

Atanasov, Pavel, et al. "Distilling the Wisdom of Crowds: Prediction Markets vs. Prediction Polls." *Management Science* 63, no. 3 (March 2017): 691–706.

Galton, Francis. "Vox Populi." *Nature* 75 (1907): 450–51. Mann, A. "The Power of Prediction Markets." *Nature* 538 (October 2016): 308–10.

Surowiecki, James. *The Wisdom of Crowds*. New York: Doubleday, 2004.

重新錨定

Lovallo, Dan, and Olivier Sibony. "Re-anchor your next budget meeting." *Harvard Business Review,* March 2012.

結構化類比

Lovallo, Dan, Carmina Clarke, and Colin F. Camerer. "Robust Analogizing and the Outside View: Two Empirical Tests of Case-Based Decision Making." *Strategic Management Journal* 33, no. 5 (2012): 496–512.

Sepp, Kalev I. "Best Practices in Counterinsurgency." *Military Review,* May 2005.

策略性決策過程

Sibony, Olivier, Dan Lovallo, and Thomas C. Powell. "Behavioral Strategy and the Strategic Decision Architecture of the Firm." *California ManagementReview* 59, no. 3 (2017): 5–21.

外部觀點與參考組別預測

De Reyck, Bert, et al. "Optimism Bias Study: Recommended Adjustments to Optimism Bias Uplifts." UK Department for Transport, n.d. Available at https://assets.publishing.service.gov.uk/government/uploads/system/uploads/attachment_data/file/576976/dft-optimism-bias-study.pdf.

Flyvbjerg, Bent. "Curbing Optimism Bias and Strategic Misrepresentation in Planning: Reference Class Forecasting in Practice." *European Planning Studies* 16, no. 1 (2008): 3–21.

Flyvbjerg, Bent, Massimo Garbuio, and Dan Lovallo. "Delusion and Deception in Large Infrastructure Projects: Two Models for Explaining and Preventing Executive Disaster." *California Management Review* 51, no. 2 (2009): 170–93.

Flyvbjerg, Bent, and Allison Stewart. "Olympic Proportions: Cost and

Cost Overrun at the Olympics 1960–2012." *SSRN Electronic Journal,* June 2012, 1–23.

Kahneman, Daniel. Beware the 'Inside View.' " *McKinsey Quarterly,* November 2011, 1–4.

Lovallo Dan, and Daniel Kahneman. "Delusions of Success." *Harvard Business Review,* July 2003, 56–63.

貝氏定理的更新

Silver, Nate. *The Signal and the Noise: Why So Many Predictions Fail— But Some Don't.* New York: Penguin, 2012.

Tetlock, Philip E., and Dan Gardner. *Superforecasting: The Art and Science of Prediction.* New York: Broadway Books, 2016.

其他

Sorkin, Andrew Ross. "Buffett Casts a Wary Eye on Bankers." *New York Times,* March 1, 2010, citing Warren E. Buffett's annual letter to Berkshire Hathaway shareholders.

16. 改變決策流程和文化

企業的風險耐受程度

Grant, Adam. *Originals: How Non-Conformists Change the World.* New York: Penguin, 2017.

做實驗

Halpern, David. *Inside the Nudge Unit: How Small Changes Can Make a Big Difference.* New York: W. H. Allen, 2015.

Lourenço, Joana Sousa, et al. "Behavioural Insights Applied to Policy: European Report 2016."

Ries, Eric. *The Lean Startup.* New York: Crown Business, 2011.

「睡一覺起來再做決定」的好處

Dijksterhuis, Ap, et al. (2006). "On Making the Right Choice: The Deliberation Without Attention Effect." *Science* 311 (2006): 1005–7.

Vul, Edward, and Harold Pashler. "Measuring the Crowd Within: Probabilistic Representations Within Individuals." *Psychological Science* 19, no. 7 (2008): 645–48.

結論　你可以做出最佳決策

其他引注資料
「就像心理學家克萊恩所說的」：

"Strategic Decisions: When Can You Trust Your Gut?" Interview with Daniel Kahneman and Gary Klein.

McKinsey Quarterly, March 2010.

「『第五級』領導者」：

Collins, Jim. *Good to Great.* New York: HarperBusiness, 2001.

財經企管 BCB726

不當決策
行為經濟學大師教你避開人性偏誤
You're About to Make a Terrible Mistake!
How Biases Distort Decision-Making—and What You Can
Do to Fight Them

作者 —— 奧利維・席波尼（Olivier Sibony）
譯者 —— 周宜芳

總編輯 —— 吳佩穎
書系主編 —— 蘇鵬元
責任編輯 —— 賴虹伶
封面設計 —— 張議文

出版者 —— 遠見天下文化出版股份有限公司
創辦人 —— 高希均、王力行
遠見・天下文化 事業群榮譽董事長 —— 高希均
遠見・天下文化 事業群董事長 —— 王力行
天下文化社長 —— 王力行
天下文化總經理 —— 鄧瑋羚
國際事務開發部兼版權中心總監 —— 潘欣
法律顧問 —— 理律法律事務所陳長文律師
著作權顧問 —— 魏啟翔律師
社址 —— 臺北市 104 松江路 93 巷 1 號
讀者服務專線 —— 02-2662-0012 | 傳真 —— 02-2662-0007；02-2662-0009
電子郵件信箱 —— cwpc@cwgv.com.tw
直接郵撥帳號 —— 1326703-6 號　遠見天下文化出版股份有限公司

電腦排版 —— 立全電腦印前排版有限公司
製版廠 —— 中原造像股份有限公司
印刷廠 —— 中原造像股份有限公司
裝訂廠 —— 精益裝訂股份有限公司
登記證 —— 局版台業字第 2517 號
總經銷 —— 大和書報圖書股份有限公司 電話 |（02）8990-2588
出版日期 —— 2021 年 03 月 05 日第一版第一次印行
　　　　　　2024 年 7 月 11 日第一版第九次印行

國家圖書館出版品預行編目(CIP)資料

不當決策！行為經濟學大師教你避開人性偏誤／奧
利維・席波尼（Olivier Sibony）著；周宜芳譯. -- 第
一版. -- 臺北市：遠見天下文化出版股份有限公司,
2021.03
416面；14.8x21公分. --（財經企管；BCB726）
譯自：You're About to Make a Terrible Mistake! How
Biases Distort Decision-Making—and What You Can Do
to Fight Them

ISBN 978-986-525-045-4（精裝）

1.決策管理 2.經濟學 3.行為心理學 4.危機管理

494.1　　　　　　　　　　　　　　110001226

定價 —— 新台幣 550 元
ISBN —— 978-986-525-045-4
書號 —— BCB726
天下文化官網 —— bookzone.cwgv.com.tw

天下文化
BELIEVE IN READING